U0380315

2014中国建筑新人赛

主　编

唐　芃

编委会

王建国　　龚　恺

唐　芃　　屠苏南

朱　渊　　韩晓峰

张　敏

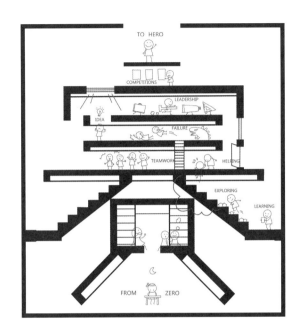

CHINA
2014
中国建筑新人赛
CHINESE CONTEST OF THE ROOKIES' AWARD
FOR
ARCHITECTURAL STUDENTS

东南大学出版社·南京

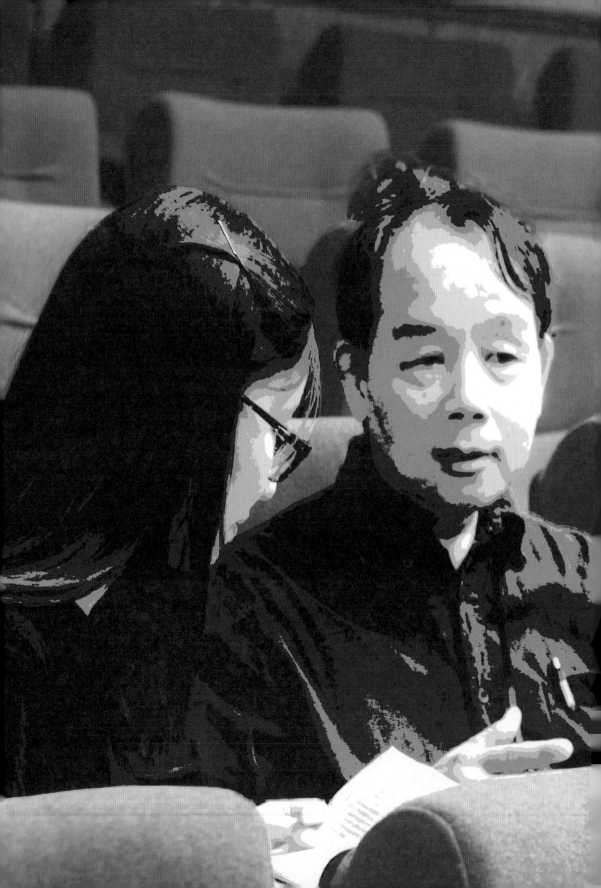

序一

王建国

2014 年"中国建筑新人赛"在东南大学落下帷幕，我亲历了从初评到答辩终评的全过程，看到全国建筑高校青年学子为本次竞赛付出的热情和努力，感同身受。

2014 年"中国建筑新人赛"在东南大学落下帷幕，我亲历了从初评到答辩终评的全过程，看到全国建筑高校青年学子为本次竞赛付出的热情和努力，感同身受。

"中国建筑新人赛"的举行意义深远，我认为其有以下几层意思：

首先它针对的是大学建筑学本科教育中的一到三年级的学生，就五年的学制而言，属于低年级学生，是名副其实的建筑"新人"。在我的观察和理解中，如同多年来专指委组织的优秀教案和作业观摩评比的结果一样，各校安排的一到三年级的建筑设计课程的教学计划都非常完备，也比较成熟。但是在这种教案组织体系和知识点架构十分完整的低年级教学中，如何在关注人才"量产"整体品质通识教育的同时，也能兼容和凸显学生个人特点主导的原创性设计乃至奇思妙想，是我国建筑设计教育面临的重要挑战。而从某种意义上讲，新人赛也是在比较各校低年级设计教学有无产生这样的"溢出效应"。

第二个特点是"中国新人赛"不是规定命题（尽管有些竞赛命题对学生有很大的理解发挥空间）、规定时间且按照统一规格要求组织的学生设计竞赛，而是学生用自己日常的设计课程作业自主参加，具有民间和自发性特点。

"中国新人赛"的另一个重要特点是评委和同学通过现场互动和答辩，最后产生获奖名次和结果，这本身是一个充满悬念的过程，对所有参赛学生来说具有相当的刺激和激励作用。根据这样的赛制安排，入围的设计作品光做得好还不行，还必须通过凝练概括能力去表达、诠释得到位，让评委和听众能够领悟到设计的精彩过人之处及感受到同学的语言逻辑魅力。虽然最终获奖者只是个别，但初评遴选出的 100 份优秀作业也涵盖了全国相当一个面的一到三年级的优秀教学成果，从一个侧面体现了全国建筑设计课程的整体专业水平。而现场的展览、观摩、评委与学生的互动 面对面的点评更是加深了师生之间"教与学"

东南大学建筑学院教授 王建国

的交流。

当然，"中国建筑新人赛"作为一项有物质奖励的赛事，与真正的检阅日常教学成果水平还是有内在的不同要求的。竞赛要求学生作业能够"脑洞大开"，构思"争奇斗艳"，形式构成多变，表达"口若悬河"，图纸表达的唯美性也非常重要。而日常的设计课程则基于特定学校建筑学知识点学习进阶的完整体系设置，学生是否奇思妙想并非首要要求，建筑的功能和技术、形式生成的内在逻辑等常常是更加共性的教学要求。因此评上、评不上，乃至各校有多少作品入围并不就一定说明一个学校的建筑设计教学水平之高低。

总体而言，"中国建筑新人赛"是目前全国高等学校建筑学专业指导委员会组织的优秀教案和作业观摩评比及其他各类学生设计竞赛的很好补充，尤其是对我国建筑学本科低年级同学，具有很好的奖掖和鼓励作用，而且也开辟了一个与亚洲兄弟国家进行建筑设计教育交流合作的窗口，希望越办越好！

是为序。

王建国

东南大学建筑学院教授

全国高等学校建筑学学科专业指导委员会主任

全国高等学校建筑学专业评估委员会副主任

中国建筑学会建筑教育评估分会副理事长

序二

李暎一

In pursuit of modernity and principle of Asian architecture

Through the Asian Contest
of the Architectural Rookies' Award

In pursuit of modernity and principle of Asian architecture
Through the Asian Contest of the Architectural Rookies' Award

The objective of the Asian contest of the Architectural Rookie's Award is to review, judge,and evaluate architectural works and ideas created by students studying architectural designs in universities in Asia. As an entry qualification, a participant should be a third year or younger university student who is chosen through domestic contests or singled out by judgment of an individual university in each Asian country, based on architectural design subjects assigned by each university. This contest is held in different Asian countries every year in order to contribute to architectural education and establish rich networking associated with modern architecture. The first memorial contest was held in Seoul, Korea, in November, 2012. 17 representative students and 10 judging committee members from 4 countries — Japan, Korea, China, and Vietnam — participated in the contest, which bloomed into a diversified display of talented students' works and ideas. (Picture 1, Drawing 1)

The second contest was held in October, 2013 in Osaka, Japan. In addition to the 4 countries that participated in the first contest, it added 6 more countries — Malaysia, Indonesia, Cambodia, Thailand, Myanmar, and India — and 23 representative students from the total 10 countries rigorously competed to win the 1st prize. The 13-person judging committee enthusiastically deliberated to decide the winner. (Picture 2, Drawing 2)

The other aim of this contest is to deepen cultural exchange among participants; it focuses on architectural subjects that are associated with architectural education in each Asian country and how the assigned subject is interpreted, presented, and featured in each student's work. As architecture is primarily based on cultures, this contest offers a great opportunity for students to mutually understand and share different cultures

Chairperson of the executive committee and the judging committee of the Asian Contest of the Architectural Rookies' Award
YOUNGIL LEE, Ph.D

Picture 1

Drawing 1

Picture 2

Drawing 2

through their respective architectural styles. Having such an opportunity will also contribute to students' education by exposing them to the cultural diversity in Asia. We can physically see and feel the unique cultural context concealed in each presented architectural work in this contest.

Each year, it is very meaningful and fun to contemplate the unique cultural context hidden in Asian students' works. When we try to determine which part of the existing cultural contexts are multistoried and how new cultural contexts are enhanced in their presentations, we can understand how the relevancy between the space and the place is considered. It is very interesting to know that how to create the place and how to express it in architecture based on the relevancy between the place and the space, and a sense of using the space differs depending on the country and the region. By reviewing and evaluating many architectural works in different cultures in this contest, we can recognize diversity and similarity in Asian dwellings. The importance of this contest is to offer a venue to create Asian architectural concepts through active discussions about the modernity of Asian architects as well as to confirm how to nurture great architects who are able to present such concepts in their works.

Whilst "the modern period belongs to Asia" has been spotlighted, the Asian Contest of the Architectural Rookie's Award transmits "culture as architecture" and "architecture as culture." Ever since many Asian countries adopted modern western architecture, architects have struggled between the modern architecture and identity of each culture and have used trials and errors to resolve the mutual disagreements inherent in the different architectural techniques and characteristics. In particular, trials for merging one's own traditions into western architecture or interpreting traditional concepts into modern formats often caused severe disputes in each country. Because these themes and subjects are still very sensitive, we need to treat them prudently in architectural designs.

The ways of capturing and expressing cultures in Asian architecture are roughly classified into three trends: The first way is to use western geometry for the building and add essences of our own traditional spirit and culture to the inside space. This is the most general and comprehensive way taken in Asian architecture. (Picture 3) The second way is to create a totally new building and space based on the traditional lifestyle, materials, and construction methods of a specific locality where those traditions still exist. (Picture 4)

The third way is to create a very modern building using modern construction methods. This way allows for a specific atmosphere that contrasts the modern and the traditional. (Picture 5) Although these three ways seem to take different attitudes and stances toward culture and tradition, they have been established as methods of expression and students have presented logical development of these ideas within their works in the contest.

Picture 3

These ways, of course, are not comprehensive regarding Asian architecture so we greatly expect to see more diversified ideas based on each culture beyond these in future contests.

In order to advance Asian architecture, it is very important to set a place like this contest to share the common problems associated with traditional cultures in Asian countries and struggle together to find better solutions through wise communication. In order to do so, it is necessary to set up an organization and system to nurture excellent architects who are capable of conceptual extraction of modern architecture in Asia and know-how of architectural works. To this end, the Asian Contest of the Architectural Rookie's Award contributes to the establishment and further development of Asian architectural culture by offering an opportunity for participants to touch, feel and discuss the different types of individuality and versatility between Asian architecture and western architecture.

There is a variety of architectural subjects assigned by each country and university. Contents of each subject differ depending on conditions: theme, type, size and level of uniqueness, freedom, interest, creativity, and reality. The greatest feature of this contest is to consider every aspect of these assigned conditions and make fair judgment of each work on a level field. We analyze the contents of design subjects given to the students

Picture 4

Picture 5

Picture 6

Picture 7

participating in this contest and verify if the work relates well to the given subject. A process of reviewing and sharing each subject with others in this contest will help to improve and mature architectural education in Asia.

As for judgment in this contest, relevancy between a program in architecture and usage of the space is a primary focus. Students are expected to submit their own interpretation to the program and create a unique space with good relevancy according to the given subject. Judges also expect to see a work that has a very powerful and strong presentation in its space, as if it destroyed and re-built the existing concepts for space, supported by a great program or a work that was created with clear and unique equity objectivity. Thus, judges evaluate students who create space with his/her own words and story and give presentation utilizing unique models, drawings, and panels that match the image of the space.

Reviewing the two contests in the past, there were many excellent works full of skillfulness of spatial structure, rich expressions, creativity of models, and unique ideas.

In the first contest, the majority of works presented were exhibit halls or cultural and memorial facilities, such as schools, residential houses, and commercial facilities. Recently, design subjects expand their scopes widely so that students are able to choose themes freely in addition to ordinary commercial buildings such as museums, schools, and office buildings. More and more subjects allow programs where students can adopt unique ideas now.

For instance, a work that won the first prize is an excellent example, demonstrating that the student sufficiently understood the contents of the given subject and developed it for space creation skillfully. (Picture 6,7) This design subject allowed for students to choose a building site and an object memorial theme freely and express image for the space and the program without limitation. The students selected a person who might be suitable to represent the space and appropriate building site and created concepts that will be transferred into the space. Then, the students finally achieved their original expression of the space through trial and error while keeping consistency between the selected representing person and the site. This work was planned as a memorial space for a poet; the architecture let people feel the equity and worthiness of the poet while physically experiencing the space created in the building. Light goes into the building as if it was guided from the gaps created by the layers of non-linear curved frames on the wall and the play between space and light looks extremely unique and creative.

The other work that became the talk of the contest is a stone garden or "Sekitei" created by Japanese students. (Picture 8, Drawing 3) This work was chosen in the top 5 works in the contest as the idea is very interesting and unique. The subject is to design a residential house for a young family and a family structure and area for building were set. However, the subject also asked to create something interesting regardless of the limitation and conditions that restrict free ideas. Based on such requests of the subject, the student focused on the way of using a stone. A big stone was placed into a hole assuming the space created with this stone a house. Architectural designs with such unique equity are very important for architects in the future and judges also value and encourage such works.

In the second contest, there were more design subjects that requested multiple programs for exhibit halls, community and cultural facilities rather than simple buildings.

The work received the 1st prize planned for memorial space for a painter of suibokuga or ink-wash painting. (Picture 9, Drawing 4) It was highly evaluated as it created a sharp and overwhelmingly powerful space representing the harsh and linear style of this painter's works. The work titled "Inside Out, Outside In" represented by students in China was a very strong contender for the 1st prize, though it was not chosen. (Picture 10, Drawing 5) Its program combined a residential house and meditation space. The extremely sophisticated composition of the space that blurs inside and outside of the house, gives it character.

Works by students in Korea were quiet in general but the language expression used for the presentation was sophisticated. The calm space is truly impressive.

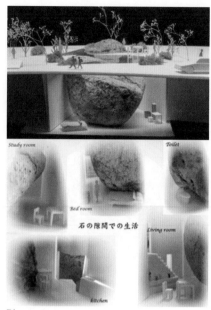

Picture 8

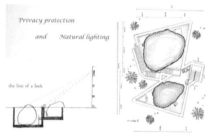

Drawing 3

Picture 9

Drawing 4

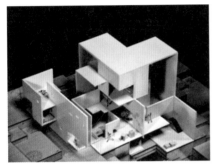

Picture 10

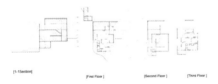

[1-1Section]   [First Floor]   [Second Floor]   [Third Floor]

Drawing 5

Drawing 6

Drawing 7

(Drawing 6)

The work of students in Thailand was cultural center. The dynamic space looks very attractive as it captures ASEAN as one big country while adding an essence of tradition through motifs of woven traditional costumes from each country. (Drawing 7) Students of Vietnam presented an idea for a kindergarten. (Drawing 8) They carefully studied the delicate subject — kindergarten — for its program and created the work respectfully with great relevancy of space and function. The work by students from Malaysia focused on the relationship with the peripheral and considered the community for its area composition, which is characteristic. (Drawing 9) Students in Indonesia created a space based on their analysis of the area within the context of the city. (Drawing 10)

The work by students in India used a concept from the ancient and traditional spirit of Yoga for its meditation space creation. (Picture 11) Students in Cambodia studied characteristics of traditional Khmer architecture and style from the view point of particular climate and created a concept of the building space. (Drawing 11) It was also interesting to see that the students of Myanmar challenged a comparatively new design for space creation in their work. (Drawing 12)

In the 1st contest held in Seoul, we all could share the feeling of great potential of Asian architecture. We, then, could recognize more potential and versatility of Asian architecture in the 2nd contest in Osaka, Japan. The presented works initially depended on the contents of subjects assigned by universities, however, different characteristics of each country's work are getting clearer and more revealing with each contest.

This shows that the correct solution as established in architecture is not always a logical result; architecture rather embraces versatility through the creation process. Therefore, it is important for all of us to carefully consider, verify, and review solution presented in each work and thoroughly evaluate and find out an absolute reason why such solution was chosen among others in the creation process. When countries or universities demonstrate similarities, we can identify their trends and unique characteristics.

Regarding the works by students in Japan, they displayed spaces with freedom and rich imagination based on unique equity. They are rather pure architectural ideas that utilize the structural usability of the architecture and powerful space creation as found in urban context. On the contrary, works of Southeast Asian countries are based on tropical architecture that appreciates particular elements such as window flow, sun shade, green color, and ventilation due to a climate of perpetual summer. Many works also spotlighted realistic and common problems associated with infrastructure, garbage disposal, low income restrictions, traffic jams, water pollution, etc. in urban cities and were presented as "architectures to resolve urban problems." In such works, analysis and planning from the urban standpoint was emphasized compared to the persuasion of individual and unique building space. Works of students in Korea and China showed more logical and sophisticated space than using imagination for space composition. They took variety of approaches that covered a wide range, from urban context to quality of space.

As for our challenge, we will continue to work on establishing a scheme to hold domestic contests in each participating country. If each country can hold contests to discuss architectural education, review students' works and send the selected works in advance, it helps to make our contest sustainable and forward-thinking.

Having such scheme will also cause "spillovers" to the Asian architectural education and drive the continued development of the entire architecture field. Although this international contest is still young, its effect has been appearing gradually. For instance, students who participated in the contest were greatly stimulated and motivated by others' works and ideas and appreciated the good opportunity to review their works objectively. They shared what they experienced in the contests and stimulated other students. The Asian Contest of the Architectural Rookie's Award actually motivated many students. They try to improve their works through study and presentation in this contest.

The 3rd Asian Contest of the Architectural Rookie's Award in 2014 will be held in China. We would like

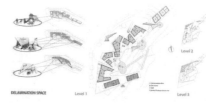

Drawing 8

Drawing 9

BANJARSARI WOMEN COMMUNITY CENTER

Drawing 10

Picture 11   Drawing 11

Drawing 12

to make this upcoming contest a place to have mature cultural exchanges about architecture and we expect new findings and developments beyond the scope of the two past contests. In terms of language and communication, our policy values communication in one's own language as a part of culture and presentation will be carried out in the presenter's own language. However, this may have certain restrictions due to time and budget. Presenters basically prepare and make presentations in their mother tongue. We will need a feasible way to keep this process smooth and stimulate active discussions and comment taking with the help of interpreters.

We believe all the works participated in the contest are sufficient for thorough judgment and pay a full respect to them. Although we choose the 1st prize in the contest, ranking will vary depending on the judges participating every year. In order to make an impartial judgment, a judge is not allowed to cast a vote for a work from his/her country. For screening the works, each judge gives a clear reason of recommendation and judgment by a signature vote. In this way, participating students can take objective views of advantage and disadvantage of the works and use the reviews for their future creations.

We all hope that the Asian Contest of the Architectural Rookies' Award can be a place where talented students and committee members gather, discuss and evaluate works, and consider architectural education and modern architecture in Asia. Through this contest, it is greatly expected that participating students will actively take part in architectural culture and modern architecture in Asia and then be successful in driving architecture globally.

YOUNGIL LEE, Ph.D
Graduated from the Department of Architecture of the Hongik University in Korea
Completed the master's program of Architecture in Graduate School of Kobe University
Completed his doctoral course and received Ph.D degree in Graduate School of Kobe University
President of Atelier Because LEE
Head of Office for City Brand Design
Chairperson of the executive committee and the judging committee of
the Asian Contest of the Architectural Rookies' Award
Vice president of Architectural Design Association of Japan
Lecturer of Kobe University
Guest Professor of Hochiminh City University of Architecture
Guest Professor of West Yangon Technology University

目 录

写在前面

唐 芃

理想有多远，你就能走多远

——写在 2015 年中国建筑新人赛开赛之际

理想有多远，你就能走多远

——写在 2015 年中国建筑新人赛开赛之际

东南大学建筑学院副教授　唐　芃

建筑学虽然属于工科，但建筑学院的教学有着独特的方式方法。从设计课的教学方式到设计作业的"批改"方式，在别的专业看来总是充满神秘，充满神奇。

学生作业评审，是建筑教学中一个重要的环节。对于每一个作业，学生需要经过几个月的苦斗才能绽放出属于自己的花朵；老师经过几个月的指导终于可以盼望收获与惊喜。这个时候，学生作业评审就成为几个月来师生成果的检阅，给自己给他人一个交代。在自媒体时代，学生作业评审更加成为一个展示的舞台：各学院遍请名师，希望他们妙语连珠的点评把设计课的最后环节推向高潮；学生也因为自己的作品将得到大师的点评，而愈发把自己的潜力发挥到极致。不仅如此，各个院校通过媒体，通过名师效应，发布教学过程与成果，更清晰地传播了自己的教学思路与特色，扩大了学术影响力。笔者曾经在日本多次参加这样的评审，比如京都大学建筑系三年级的建筑设计作业评审，常年聘请伊东丰雄等大师参与，结束后会有大师、老师与学生的冷餐会。在这样的活动中，催生出无比融洽的交流气氛，使参与其中的每一个人不再是一个有距离的观赏者，而是教学活动的互动者。学生并不成熟的想法以及他们并不完善的作业为聚会带来青涩的新鲜与活力，教

图1 2014年中国建筑新人赛决赛投票现场

师、学生和其他公众的参与性将设计教学的评图环节上升到了前所未有的高度，真正地成为一次教学的盛宴（图1、图2）。

中国建筑新人赛，就是这样一个全国性的教学盛宴。它不是某个院校建筑学科的作业评审，而是每年一次全国建筑学科作业的同台表现。与全国高等学校建筑学专业指导委员会所组织的建筑设计作业观摩有所不同，作为一个由东南大学建筑学院牵头组织的学生作业竞赛和展览，我们本着对本科低年级教学工作的展示与交流的宗旨，目的是让更多的学生能够参与进来，让更多的作品展现出来。自由开放的参与方式，自发热情的组织形式，亲切热烈的现场感，成为中国建筑新人赛能够迅速在全国建筑学学生中传播和认可的原因。在八月火热的南京，我们可以在同一个展厅里看到来自各个学校的学生带着自己的作业和模型，齐聚东南。某些作品也许在自己学校的评图中并不突出，但一定是这个学生自己最喜欢的；某些作品也许来自一个名不见经传的学校，但也颇具特色，在竞赛中一鸣惊

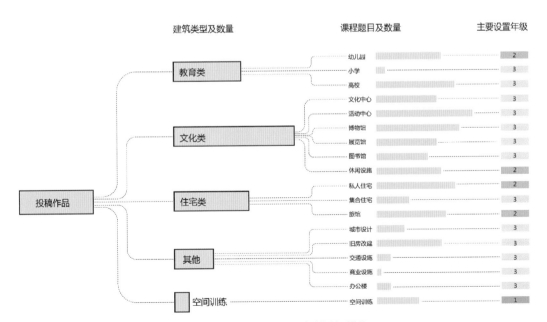

图2 2013—2014年中国建筑新人赛投稿作品课题分类及不完全统计（色块长度代表投稿作品相对数量）

人。因为评选的完全开放式，因为只有在决赛当天才能够在现场知道投票结果，因为学生可以近距离与顶级大师直接对话，也因为最终的获奖者必须经过现场答辩评出，这个竞赛可以说是一次特殊的设计作业评审，一次全国建筑学院作业的巅峰对决。

在过去的两年里，我们收到了来自各大院校建筑学院千余份设计作业的投稿。对于参加本赛事的设计作业课题以及任务书，我们做了一些整理和分析。

从图 2 可以看到，在所有投稿本竞赛的设计课题中，文化类建筑的比例是最高的，其次是住宅类和教育类。在文化类建筑中，各类活动中心和博物馆的课题占到很大的比例，这些课题多设置在本科三年级。在教育类建筑中，高校建筑系馆的题目最多，基本为三年级课题；其次是幼儿园设计，基本为二年级设计课题。在住宅类建筑中，有特点的私人住宅以及小型旅馆的出题比例最高，这些课题大多集中在本科二年级。

在投稿本竞赛的设计课题中，很少涉及商业建筑、办公建筑等，即便有几个，也是或有较为强烈的主题，或建

图4 延：小客栈设计（西安建筑科技大学 杨子依）

图3 建筑新人赛海选场景

于较为特殊的场所。例如合肥工业大学建筑与艺术学院的"中国梦——中国品牌海外旗舰店"（500 m²），这个题目也可以被看作是一个小型的展览馆。办公建筑的课题中，仅见辽宁科技大学和贵州大学建筑学院的"高层办公楼设计"，及天津大学的"综合办公建筑设计"。其次，10 000 m² 以上的大型城市综合体这类课题也很少出现，目前只有南京大学的"城市设计之社区商业中心＋观影中心"（46 500 m²）和清华大学的多功能综合体设计（20 000 m²）。

其实仔细想来，这并不奇怪。中国建筑新人赛是一个设计作业竞赛，参赛作品的要求是业已完成的1~3年级时期的在校作业。在投稿之前，同学们需要对自己的作业重新梳理，凝练思路，突出自己应对课题和场地的策略，将其浓缩为一份 A3×4 的文本。每一年的初审评选，我们也称海选，需要约10个评委在大半天的时间中，在近千份作业中筛选出100份作业参加决赛。全靠评委逐一阅读文本（图3），从中找出新鲜和有特色的方案。在这样的情况下，文化类建筑的课题，因为有鲜明的主题或特殊的基地环境，容易做得比较有特色。而这一类课题的任务书，也多会留给学生一些自主策划的空间，学生自己特殊的立意、特别的表达更加成为这类作品能够夺人眼球的原因，从而较容易通过初审。

在历年进入决赛圈的前100名的作业中，位于历史街区中的文化类建筑的课题占有绝对的优势，例如2014年第551号参赛作品，西安建筑科技大学杨子依的"延：小客栈设计"（图4）。这是一个二年级的旅馆设计，任务书将基地选在西安最具特色的鼓楼回民街坊，周边或紧靠历史建筑，或面向传统商业街坊，呈"四面埋伏"的态势。如何应对场所环境并合理组织功能空间是这个课题设计的关键。作者利用传统建筑空间中院落与墙的组织，将新的建筑空间的节奏与原有历史建筑同步，获得了评委的认同。有意思的是，这个课题有两个同学进入了前100名，甚至一起进入了前18名，在最后的答辩中，杨子依的作品胜出，进入了前5名。

其次，类似私人住宅、小型展览馆、纪念馆这样的课题，由于体量较小、空间单纯，即便大多数此类作业的作者是二年级的学生，也较容易做出特色，入选作品也不在少数。例如2013年参赛作品，华南理工大学张铮的"里应外合：学者住宅"（图5）；2014年第060号参赛作品，南京大学席弘的"赛珍珠纪念馆扩建"（图6），都是小中见大的成功案例。

图5 里应外合：学者住宅（华南理工大学 张 铮）

而目前风头正劲的旧建筑改造，也被很多高校纳入本科生设计课题中。由于既有建筑的历史意义和特殊性，为设计带来了较为特殊的拓展空间，因而在竞赛评选中，某些具有独到思维的方案也容易获得青睐。上文提到的"赛珍珠纪念馆扩建"即是一个案例。又如2013年东南大学建筑学院温子申的"活力植入：沙塘园食堂改造"（图7），改造对象沙塘园食堂，是著名建筑学家杨廷宝的作品，其独特的人文气质，独特的结构方式，以及所处的特殊的街区，都给学生的改造带来不小的考问。而对于老建筑应当采用什么样的态度，每个学生都有独到的见解，给出了各自不同的答案。温子申将大学生生活所需要的各种空间设计成不同方向和内容的盒子，将这些盒子或穿插或悬挂在老建筑的内外。盒子的组合以及廊道的设计重新组织了功能与流线，使杨老的沙塘园这个"旧盒子"焕发出新的光彩。

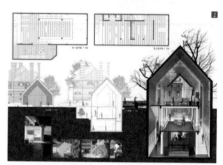
图6 赛珍珠纪念馆扩建（南京大学 席 弘）

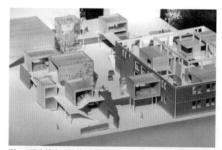
图7 活力植入：沙塘园食堂改造（东南大学 温子申）

第三，课题设置的灵活程度、提供给学生创作的余地也决定了学生的作品能走多远。大多数工科院校中，课程设置会给学生以一定的自由策划空间。最常见的是给定基地和建筑类型，让学生自定主题，如自定主题的博物馆、展览馆等。这样的课题，如果学生找到适合的主题，并采用与之匹配的空间方式，就能取胜。例如2013年西安建筑科技大学王博同学的"关中生活：十件摄影作品的博物馆设计"（图8），将博物馆的内容定位为反映关中生活

图8 关中生活：十件摄影作品的博物馆
（西安建筑科技大学 王 博）

的十张摄影作品，并为它们设计了不同的展示空间。虽然这样的博物馆在现实中存在的意义值得质疑，但因为自定义主题和为这个主题所创作的博物馆独特的观看方式以及空间原型，在众多的投稿作业中脱颖而出，层层闯关，最后进入前5名。

值得一提的是像中央美院、中国美院这样的艺术类院校，对于设计课题的设定较其他工科院校有所不同，更重视训练学生的思维与联想，强调课题的人文性质，并不强调实现。这样的课题看似虚无，却因为学生能够放开手脚去想去做，会收获意想不到的好作品。例如2013年中央美院贾若昕的参赛作品"央美百年纪念馆设计"，具有强烈的浪漫主义色彩（图9）；2014年第188号参赛作品中国美术学院袁希程的"属耳垣墙"，更是从文学作品中演绎出空间的一个空间训练作业。

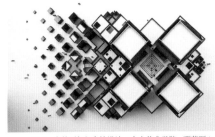
图9 央美百年纪念馆设计（中央美术学院 贾若昕）

特别要提到的就是"属耳垣墙"这个作品，在2014年的中国建筑新人赛决赛中几乎得到了国内评委的全票。对于一个基于中国古典小说《红楼梦》的空间训练作品，笔者作为中方组委会的一员，很担心它在亚洲建筑新人赛全英文的舞台上被接纳的程度。令人惊讶的是，这个作品在亚洲建筑新人赛的决赛现场，受到来自各国评委的一致认可，勇夺亚洲总冠军，实在出乎意料。仔细看来，从课题的设置到学生对课题的理解和演绎，都堪称完美。课题任务书为：选取一幅明清木刻版画或者砖雕作品，进行其空间的分析研究，然后设计一幢占地长约40 m的建筑。这是一个典型的空间训练的课程作业。设计者选取了王毅卿所绘的红楼梦木刻版画中的一幅《见熙凤贾瑞起淫心》

图10 作品取法对象：王毅卿所绘红楼梦木刻版画《见熙凤贾瑞起淫心》

（图10）。"图中主人公王熙凤和贾瑞背后有一面开有圆洞的白墙，墙立于水面，曲桥穿墙而过，墙的两边柳树、假山层叠呼应。本案的路径和视窗设置便是根据故事的情节而划分，相当于一个舞台，所有的开窗为了舞台中的人物关系而设，而不是为了作为外部观看的我们。"这是作者对原作与自己设计的空间的解读。作品的题目来自《千字文》"易輶攸畏，属耳垣墙"，对一些小事很容易轻视、疏忽叫"易輶"；"攸畏"是所畏，有所畏惧；隔墙有耳，讲话要小心，不要旁若无人。作者在这里希望点明墙在人际关系间起到的微妙作用，而墙正是作者设计中最基本的要素和空间载体。作品被设计成一个混凝土浇筑的占地长30 m、宽2.5 m的横长空间，上下三层，一半卧水而设，房间集中在二层，屋顶可登。空间根据《红楼梦》中相关故事情节及作者的想象，分别塑造出"山洞围坐"、"倚栏听风"、"携孙过桥"、"隔空远眺"、"扶壁探路"和"负手窥洞"等空间（图11）。空间充分解读故事并加上自己对故事的后续理解，利用中国传统园林中的复廊演绎出故事发生发展的不同场景。作为二年级学生的作者，显得十分老练与成熟。

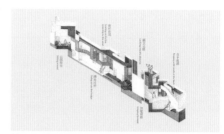

图 11 属耳垣墙的六种空间（中国美术学院 袁希程）

中国建筑新人赛是讲究现场感和参与感的竞赛。参加决赛的每一个参赛选手能够获得的展位空间都是一样的。如图12所示，均为A1横向展板上下排列，下设900 mm的立方体展台。在这样的一方天地里，作品的表现形式决定了会给评委留下多少印象。如何充分运用这样的一个空间进行表达是一件值得推敲的事情。在历次展览中，我们都见到很多精妙的表达。例如2013年合肥工业大学宋思远的参赛作品"海草房"，在有限的模型展台空间里，作者将单体模型、组团模型和总体模型做了精细的规划和设计，多方位地展现了自己的作品。为了表达"海草房"这个主题所寻找到的特殊的模型材料，全面到位的展陈方式，给参加过那次竞赛的师生留下了深刻的印象。又如2013年东南大学建筑学院杨洋的参赛作品"诱·墙：传统街区曲艺中心"，由于课题的基地较为复杂，设计课题的空间内容较复合，所要表达的设计内容很多，作者将自己设计的出发点——新建建筑与传统街区肌理相协调的典型剖面做成概念模型镶嵌在了展板中。图纸的最下方是建筑最主

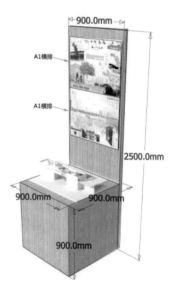

图 12 中国建筑新人赛决赛展位示意图

图 13 海草房（合肥工业大学 宋思远）

图14 诱·墙：传统街区曲艺中心 (东南大学 杨 洋)

要的一处剖面，紧接着与这个剖面相结合，展台上从高到低依次放置了建筑的 A-A 剖面、B-B 剖面以及最重要空间的模型。图纸的二维空间与模型的三维空间完美过渡，融为一体，充分利用了展位，令人一目了然（图14）。

2014 年 204 号参赛作品，天津大学建筑学院邓鸿浩同学的"跑酷俱乐部设计：飞跃菜市场"给大家留下了深刻的印象。图纸的排版充满动感，模型的制作细致入微。由于表达的是跑酷者的各种动作与所需最小空间之间的关系，在模型中各个比例人的动作都非常精确地表达出来。同时，现场用视频循环播放，也起到辅助说明设计意图的作用。几乎不用过多的阅读图纸就能够深刻理解到作者的设计意图（图15）。

在最后的答辩阶段，进入前 10 名参加答辩的学生其个人表现也是成败的关键。面对台下来自全国各地的小伙伴，面对台上国内建筑教育界的顶级大佬，谁发挥得自然有风度，谁就赢了印象分。答辩中有的时候学生并不能完美地回答评委的问题，但也许他充满自信地对自己的设计一点小小的自圆其说都能够为他赢得加分。因为新人赛就是这样一个全面展示学生能力和素质的舞台，她并不需要你成熟完美，可以锋芒毕露，可以像初生牛犊，评委和老师只要能看到你的热情和理想，以及你为自己的理想迈出的那可贵的一步，就能够给你认可。

理想有的时候是那样的遥远，但她是一种激励：理想有多远，你就能够走多远。

唐 芃

2015 年 4 月

于北极阁山下

图15 跑酷俱乐部设计：飞越菜市场 (天津大学 邓鸿浩)

寄语新人

　　2014 年 7 月，本人有幸参与了"2014 中国建筑新人赛"的活动，作为匡合国际的代表受邀在其中担任评委一职，从众多学生作业中选出 100 份优秀的作品，集中进行优秀作业展，最终再次选拔优秀者，推荐其成为"亚洲建筑新人赛"的中国代表。2015 年的今天，能够有机会通过文字将我个人在这一活动中的感受和所得，进行一个回顾，依然觉得非常有意义。

　　"建筑新人赛"是一项很有意义的活动，2013 年我们就对这一活动有所了解，并初步参与其中，认识到她是一个全国性的建筑学在校生设计作业的交流活动，同时又是作为整个亚洲建筑学在校生的设计交流的一部分存在的。国内的建筑学教育体系，大多是 5 年学制，新人赛的参赛形式以在校一、二、三年级的学生作业为主体，不专门出竞赛题目，充分而真实地展现了各大建筑院校的教学活动水平。同时评委的构成由全国知名院校建筑学院的教学副院长和设计机构资深建筑师共同构成，这样能够更加充分地实现教学领域与实践领域在教学上的交流，给予建筑新人作品以不同的观点和意见。期待这种不同视角下的点评和讨论，带给新人们不同的设计思路与想法，这对于他们树立起全国、全亚洲乃至全球的建筑视野，向成熟建筑师迈进是非常有帮助的。

　　回顾自己从一个刚接触建筑的懵懂学生，到现在主持匡合国际这样一个团队，一路走来，在刚起步的过程中也曾经希望有这样指点自己今后发展的机会。现在，我所主持的匡合国际是一个立足于团结优秀建筑设计师，努力提供更好的设计工作平台的设计企业。目前南京、上海、杭州、北京的众多优秀设计师共同构成了我们的设计团队，发挥着每个成员的创意和激情，力争成为中国最快乐的设计企

国家一级注册建筑师　范　诚

图 1　匡合公司北京分部

图 2　匡合公司上海分部

图3 匡合公司南京分部

图4 匡合公司杭州分部

业。因为自己的求学和求职经历，公司非常重视建筑新人在未来的城市建筑事业中的作用，也因为如此我们与东南大学建筑学院联合，作为东南大学的教学实践基地。公司愿意扶持新人，帮助年轻学子确立自己的定位，促使我们在2014年更加全面地介入了"中国建筑新人赛"的活动，通过充分的交流和互动，与未来的优秀建筑师们建立起良好的信任关系。

2014年的中国建筑新人赛，参加的建筑院校之广，学生设计作业的优秀程度都远远超出了我的想象。作为一个从业十余年的建筑师，也有过青涩的新人时期。回想当年的建筑课程作业，更多地侧重于个人建筑思考，在建筑设计的成熟度上是很不够的。这不仅仅体现在设计本身，在表达上也同样如此。随着媒体和信息技术的飞速发展，今天的建筑新人们在表达方式和技术的成熟度上都有了很大的提升。新人对于建筑设计的激情，对于相关的建筑课题思考较之2013年的成果也有所进步。这些都让我作为一名建筑设计师，实实在在地感受到了建筑教育的发展，同时为我们有了这么好的建筑设计后续人才的储备而感到高兴。

祝愿在建筑新人赛中表现突出的新人们，在未来的建筑生涯中取得更好的成绩。

范诚

国家一级注册建筑师

北京炎黄联合国际工程设计有限公司南京分公司 合伙人 设计总监

南京匡合国际工程设计有限公司 合伙人 设计总监

上海匡合工程设计有限公司 合伙人 运营总监

图5 新人赛颁奖典礼

2014.07.05

报名截止

第一轮作品送达

作品提交截止

第一轮作品送达

登记投稿作品
准备预赛会场

2014.07.10

第一轮评选

选出一百名入围作品
公布名单
发布决赛规程

竞赛流程

2014.10.05
亚洲建筑新人赛
于大连举行
前五名选手代表中国参赛

2014.08.22
第二轮公开评选
当场选出前十八名
前十八名参加答辩
当场投票选出前五名

2014.08.20
第二轮图纸送达
决赛选手集结南京
展览会场布置
系列演讲活动

评委寄语

预赛阶段

今年"新人赛"比去年有了长足的进步，无论是在参加的人数和学校上。"新人赛"是针对建筑学院低年级学生的一件赛事，坚持下去，相信对我国建筑教育中的基础教学会有较大的激励作用。

谢谢各位参赛的同学，其实我很喜欢有些作品，可能没有进入下一轮，但其中的构思是值得鼓励的。

东南大学建筑学院　龚恺

重庆大学建筑学院　邓蜀阳

又是一年建筑教学的"新人赛"。跟去年相比，今年的"新人赛"影响面又有了新的扩展，参与的学校更多，参加的学生作品更多，说明"新人赛"的作用得到了更广泛的认可。"新人赛"给广大的年轻建筑学子提供了一个宽广的展示平台，同时也为各建筑院校提供了一个难得的交流机会，对中国的建筑教育和改革起到了良好的推动作用。

看到今年各校提交的作品，感到万分的高兴，各校的教学风格、课程选题、设计表达都展示出丰富多彩的个性和特点，说明中国的建筑教育已经取得了可喜的成果，这与我们的辛勤耕耘、认真敬业的老师是分不开的，也是与我们热爱专业的青年学子认真钻研、勤学苦练分不开的。恭喜"新人赛"的成绩与收获，同时也期望在今后的进程中取得更大的进步。

大连理工大学建筑与艺术学院　范　悦

担任"新人赛"中国区海选评委，受益良多，感觉这是一项很好的活动。一是给了全国三年级及以下年级的作业内容的相互比较、借鉴的机会，另外又要将这些作业放到"亚洲"范围来审视。这也是个反思我们自己设计教学的活动，从此角度去看的话，"选题多样性""题目质量""表达、表现成熟度"及"模型能力"等均值得我们深入思考！最后，期望在大连理工大学举办"亚洲新人赛"的时候，能看到更有代表性和特色的学生作品。

"新人赛"作为一个展示各校成果的舞台，提供了难得的交流机会，不同学校教学思路的差异性和丰富性呈现了中国建筑设计教学的未来走向。毕竟，教学特色的强化是规模教育条件下培养出符合大量性设计需求及人性化设计人才的必由之路。

　　从参赛作品看，各校的设计教学质量均有稳步提高，对创意和深度的两向追求具有普遍性。同时，也应该看到，教学安排与竞赛要求并不能完全同步，对教学序列的强调程度有时会影响到评奖结果与教学质量间关系的判断。如果参赛作品能够说明该作业在整体教学环节中的地位，则可能更为有益。

同济大学建筑与城规学院　黄一如

　　"新人赛"是一个很好的平台，让全国的建筑新人们在一个共同的媒介上展示自己，呈现自己对专业的新鲜感受与所获得的基础训练。从本年度提交的作品中，我们能强烈地感受到学生的朝气与活力，以及各个学校在教学中的差异。

　　教育的价值在于发现学生的潜质，专业教育要激发学生的兴趣。希望新人们能够保持自己的新鲜感受与活力，在专业之路上愈来愈强，也希望"新人赛"能够更好地激发学生的创造力，为中国的建筑事业添砖加瓦。

西安建筑科技大学建筑学院　李　昊

"新人赛"为低年级的建筑学子提供了很好的交流平台，不同的设计题目，不同的训练重点，都体现出参赛同学的聪明才智。从中我们也可以看到各个学校的教学特色，对于设计教学也是一次很好的交流机会。

祝愿"新人赛"吸引越来越多的同学参加，让同学们有更多的收获，伴随"新人赛"一同成长。

哈尔滨工业大学建筑学院　孙　澄

每一年都做建筑新人赛，每一年都有不同的新鲜感。这些人的作品恰如夏日的骄阳，足够炫目足够刺激神经。新人赛不设统一题目，每一个表达的都是自己对学校所给的课题最新锐的感受和想法，这和其他的竞赛是不一样的，而新人赛这个赛事所带来的一年年的新鲜感正是由此产生的。她更多的鼓励建筑新人们走出去，看看同龄人的作品，看看外面的世界，找到自己的定位和方向。你能走多远，取决于你能看到多远。

东南大学建筑学院　唐　芃

"新人赛"参赛作业从一个侧面反映了全国建筑设计教学的多元化发展，充分展示了全国高校各自办学特色和教学思路。最终进入复赛阶段的作业都应是有"表"有"里"的作品，也展示了相关院校的教学水平和学生的个人水平。但也要看到大量的作业有"表"无"里"，或目标不清晰，需要大家在交流中不断进步。

希望"新人赛"平台越办越好，对促进亚洲建筑学专业教育交流发挥更大的作用。

华南理工大学建筑学院　肖毅强

参赛作品让我们欣然看到中国建筑教育正向多元化发展，不同的学术思想，不同的设计方法，不同的设计工具，不同的个性特征，不同的教学方式，不同的设计题目，等等不同表现出教学的丰富性。这同时也表现出探索性，有责任感的当代中国建筑教育者似乎已集体意识到此前中国建筑教育的单调、雷同与落伍，走出这一困境，探索有特色的建筑教育之路是我们这一代建筑教育者的历史使命，这些学生作品正是这种探索和责任的反映，出路、希望、未来尽在其中。

清华大学建筑学院　徐卫国

"新人赛"面对三年级以下的建筑学生，这个时期的学生作品的特点是充满探索精神。尽管作品还不够成熟，但也充满了冒险和试错过程的一种兴奋感和朝气。"新人赛"的作品规模小、主题明确、概念容易聚焦，给学生完成"规定动作"之外的"自选动作"创造了条件。所以从教学的角度看，老师和学生的个性和分野表现得更加鲜明。"新人赛"为全国建筑院校教学交流提供了一个很好的平台，也为低年级的学生提供了一个展示的舞台，弥补了国内竞赛的缺憾。从赛制来看，设置了入围赛和决胜赛两个阶段，给学生答辩展示的机会，都是"新人赛"独具魅力之处。衷心希望"新人赛"能越办越好。

天津大学建筑学院　许蓁

"新人赛"是一场展示国内建筑教育及学生水平的有趣聚会，无论从参赛作品的数量还是作品题目所展示的方向和训练方法，都为我们呈现了更为丰富的理解建筑的视角：体量、空间、环境、材料、构造，大家从多样的角度切入进行建筑的游戏，愿建筑的新人们享受设计。

天津大学建筑学院　张昕楠

注：以上"评委寄语"根据姓氏读音排序。

决赛阶段

东南大学建筑学院　王建国

通过建筑新人赛，建筑学专业的师生们可以对国内当下各个建筑院校三年级及以下的设计课情况有大致的了解。从中我们不难发现不同学校设计课的选题、侧重点、学生的表达方式不尽相同。有的学校更侧重基本功的训练，有的侧重对学生想法的激发，有的鼓励学生对现实进行批判等。这也是新人赛最大的特点——参赛的作品并不是命题设计，而是学生日常课程训练的表达呈现，这体现了不同学校的课程对特定题目的特定要求，以及对循序渐进的建筑学习过程的整体把握。在这一点上，参加建筑新人赛不同于参加其他国内、国际竞赛，因为新人赛并不仅仅强调对想法与概念的强化，在表达过程中也会有不同取舍。

鉴于新人赛的特殊性，学生参赛时对一些问题还是应该多加注意。比如说，一些题目的基地选址在无法现场踏勘的场地甚至是在国外，这样的设计对普通竞赛来说或许无碍，而对于新人赛这种针对低年级"新人"的课程作业评选竞赛来说，并不太适合。另一方面，个别作品在设计想法层面可以看出一些模仿的痕迹，这一点应该引起注意。无论是课程作业还是参赛作品，都应该避免和一个已经建成的方案产生很直接的联想。这就要求同学们在平时学习案例的过程中也要尽量避免过度依赖优秀方案，才容易有更丰富的收获。

在本次竞赛中我主要希望看到两个层面的优秀作品。第一个层面，希望看到学生有扎实的基本功。学生充分利用所学的设计方法、技术手段、空间构成，结合自己的理解，将建筑的设计组织起来，这是最基本的一个层面，达到这个层面就达到了一个学生优秀作业的平台。第二层面则提出进一步的要求，要求学生对特定的题目能够理解、诠释、并做出设计的反应——在很多种可能中为什么选择这种路径来解决建筑的问题。不同的课程题目，或许是一些有突出主题或概念的设计，或许是对特殊地形地貌下的可能性的思考，抑或是在旧城更新改造当中对新旧冲突的回应，我们可以从中看出学生观察社会的不同角度。比如有的学生关注的是老百姓间的交往与互动，有的则会关注草根阶层的诉求。在这个层面反映出学生饱含的人文思想和人文关怀是非常值得肯定的。

这两个层面是缺一不可的。前者是以建筑师做营造建造的手段来支撑设计的创造。后者则可以表现新人们的不同视角。我欣赏的应该是一个具备坚实的基础同时又有思想和独特视角的作品。

我希望新人赛的平台可以帮助全国各个建筑院校继续发展自己的教学特点，并帮助同学们在跟进自己学校教学的同时，把握住这样一个互相观摩、切磋、交流的机会，共同提高，共同进步。最终在国内建筑教学整体质量把握和水平提升的前提下实现学生们个性化的发展。

华南理工大学建筑学院　　肖毅强

在评委中我比较特别，我有机会参加了第一轮的海选和最终的评选。我们从全国近千份作业里面选出这一百个作品，是代表了一到三年级学生里面相对高的水平，也代表了相关院校建筑教育的质量，这一点是肯定的。有点遗憾的是，同学们的成果虽然做了深入的表达，但让我意外的还是不多。我感觉"建筑新人赛"最大的特点就是，一到三年级的学生刚刚进入设计阶段，是一个充满学习热情的时期，他们充分展示出来的锐气，就是"新人"这个词的意义所在，也是新人赛最为重要的一个地方。作为评委更希望看到的是他们对专业的热情。新人赛是用平时的设计作业参赛，其闪光点就是看到设计任务中问题的独特性，然后拿出独特的解决问题的想法，以及通过完善的表达来表现自己的设计成果。这样一个工作过程是最有意思的，简单地说，一份份作业就是一个个新人的能力和学习热情以及学习成果的展示。

新人赛让许多同学有机会入选前100，然后来南京参加最后的展览和答辩，我觉得这种交流非常有意义。从图纸参赛到图纸和模型参加展览，进入十八强，再参加答辩，这个过程实际上对学生来说有非常大的压力。在这个过程中不断地要求他去思考如何表达，如何清晰地说明原来设计的想法，怎样展示出来。不仅是用图纸和模型，答辩的过程也锻炼了语言表达能力，这是一个非常好的过程。对于没有进入决赛的同学来说，也可以来现场观摩，他们会在其他同学的作业里看到自己的不足和差距。更重要的是自己的作业能受到更广泛的外校老师、职业建筑师，甚至国外教授的点评，这个机会是难能可贵的。新人们可以利用这种场合，认识很多其他学校的同学，这对他们来说也是一次重要的经历。在这里得到的任何收获，一些教训也好，一些奖励也好，都会是记忆深刻的。所以这个竞赛是非常好的交流平台。

需要注意的是，这个比赛展示的是一到三年级的设计教学成果。每一个学校教学的基本要求、基本程序是不同的。作为教学的交流来理解这个竞赛就很好，而不要因为竞赛去改变自己的教学思路和教学方针。

最后，我希望同学们认识到获奖的人毕竟是少数，绝大部分同学应该利用这样一个交流学习的机会，坚定自己专业学习的信念和激情，不断地往前走。建筑学的学习是一个长跑，是一个长期的过程。参加新人赛的所有同学们，希望你们保持对专业的学习热情，继续努力，成为一名优秀的建筑师。

天津大学建筑学院　张颀

经过紧张的评审工作，我对于新人赛最大的感受还是在于这种竞赛形式的特别之处，这跟我们以往的教学、评图的过程有很大区别，不同学校的同学之间得到了深入的交流。区别于设计题目一样的一般课程设计，不同课题的设计作品挂在一起，平常少有机会接触的不同学校的学生，在这样的过程中彼此切磋、交流，产生思想碰撞，各学校的风格在这次比赛中都有充分的体现。我们以后一些课程作业也需要借鉴这样的方式。现在很多学校都有类似的评图活动，邀请外面的建筑师、其他学校老师来参加评图，往往这种时候学生都特别的踊跃，不同班级、年级的同学都来参加。想要得到一个好的设计方案，不能只听一个学校的老师的意见，不同学校老师对设计的评价、问题的指出更加重要，综合听取不同的意见才会让我们的设计得以完善和提高。同时学生们勇于在这样的场合去表达自己的想法和观点让我很感动，建筑学不只是画图，对方案的表达呈现也很重要。这样的竞赛形式能让学生对自己的设计有一个更充分的展示，也锻炼了学生的自我表达的能力与勇气。

然而，在这次评比中我也看到了作业课题的设计所存在的一些不足。大多数设计题目相对陈旧，很多年都没有改变。不变的题目在设计上有所创新是比较难的。比如说这次比赛出现了很多幼儿园设计，是很多学校的保留题目，如果你还是按照以前的任务书去做，虽然能做出符合要求的不错的设计，但拿来参加新人赛就缺乏竞争力了。任务书的陈旧很难让学生在这种设计的格式要求下有所创新。在以后的课程中，可以改变以往对学生的要求，在充分考虑功能及使用者需求的基础之上，学生也可以参与任务书拟定的过程，否则设计很难有所突破。同时，类似于大型文化中心、剧场这样的课题对低年级的学生来说难度太大了，虽然有些作品做得很不错、超乎想象，但这样的题目会给他们带来很大的压力，迫使其把主要的精力放在解决很具体的功能要求上，而不是空间的设计上。因此，题目的设计和指导方式上应作出一定的变动。

我曾参加过亚洲新人赛的评选，亚洲其他国家学生的设计在主题、功能、空间塑造上结合得比较好。例如12年的亚洲新人赛获得一等奖的作品是诗人的住宅，作者把建筑和诗人的情怀很好地结合在了一起。13年的则是画家的展室，题目不大，但画家本身的性格以及他作品的性格都得以充分显示，建筑本身包括选址都与之非常默契。在如何考虑建筑功能的凸显，使用者对空间的理解以及需求等方面我们国家的学生还有所欠缺，缺乏相应的训练，思路不够开阔。传统的思维、教学方法限制了学生，我们的教育应当在这方面有所改革。

做设计既要在情理之中，又应于意料之外，虽然想法不能过于天马行空、不切实际，但作为建筑的新人，应该有新的想法和创意，不能仅局限于现在的技术条件和规范，应对未来有所畅想，在学习和设计中敢于突破、敢于创造。我希望在今后的新人赛中看到越来越多让人惊喜的方案。

同济大学建筑学院　章　明

这次新人赛给我比较大的感受首先是评委和选手能够济济一堂，互相交流，这样一个形式比较新颖，提供了更好的交流空间；其次这个平台是不同年级同台竞技，所以题目的大小、类型、表达方式的差异性对我们评委来说也是一种挑战，就是发现参赛作品中的亮点、逻辑性还有参赛选手的能力；第三，不同学校教学模式的不同也反映在参赛作品中，有些作品可能在表达上没有那么完善，但是它的应对策略是符合教学模式的阶段要求的，有些作品可能因为教学模式的原因表达上会比较完整，所以教学模式也会对结果产生影响，因此能否得奖并不是评判作品好坏的唯一标准。但是这也恰恰是新人赛的活力点所在。

整个上午看下来，我觉得一、二、三年级的同学能够从对建筑学完全不了解、到入门、再到能够做出这样的成果，总体来看也体现出现在国内建筑学的教学水准和状态是非常可喜的。从以下方面来谈一点我的感想。

首先是"虚与实"的关系。这次竞赛大量的题目比较落地，不同于其他竞赛比较大和虚的题目，这次竞赛的题目更强调对周围的环境、基地还有功能的回应，比较实在。当然这次也有一些同学对建筑本身自我的表达比较清楚，但是跟环境的关联表述上还是有欠缺。所以还是希望同学们能够对周围的基地，对城市文化脉络，还有自然有比较深入的分析，对"人"的关注度也要落到实处。

第二方面是"皮与骨"的关系，"皮"指的是一种围合、表皮；"骨"指的就是结构。前一段时间的竞赛都是对表皮关注得比较多，而这次则是慢慢开始更多关注到建筑内部的一些结构和它们对建筑形态和空间的影响。"皮"只是建筑的一种围合，它应该是一种自然的形成，而不是刻意为之。这次看到很多参赛作品由关注"皮"逐渐重视到"骨"，我觉得这是一个好的现象。

第三是"内与外"的关系。以前我们教学生对形态构成和形体的关注度很高，而这次不少同学们的模型都能够打开看到内部，注意到了内部空间，所以这是关注到"外与内"的关系，也是一个进步。因为建筑永远是形态和空间的关联，甚至可以说形态是空间的一种外化。

最后是"面和体"的关系。原来做设计经常是从做平面做立面、剖面等二维状态出发，而现在感觉大家做设计更加能关注到对"三维体"的一种研究，这可以从大家模型和图纸的表现感受到，这也是我认为这次竞赛的一个好的方向。所以我是鼓励大家在设计初期多做模型，这样才能对尺度、空间和形态构成有更好的把握。

最后想提一点更高的要求，就是对技术的关注。对技术的把握对于设计的可实施性和建成可能性有很大影响，而且新技术的发展对于设计也有重要的推动作用，比如现在的被动式"绿色建筑"的设计，这也会让我们的设计史丰满一些。

清华大学建筑学院　朱文一

1. 在观看各位新人的参赛作品时，您有没有发现设计上存在什么普遍问题？

不能说是普遍的问题，只能说是有一些问题。有一些学生作业，形象地说就是"小大人"，建筑理念、手法等显得过于成熟。作业应该体现出一到三年级这些年轻人所思考的问题。建筑设计作业主要还是训练，有别于建筑创作。还有一些能看到在图纸表现方面有偏差，过分强调概念，三年级以下应该还是强调基本功的训练。当然还有一些看起来不够均衡，比如平立剖的表现，模型及模型照片的表现，三年级以下这些也不好说是问题，但随着年龄增长这些都需要注意。这些都不是普遍问题，总体上来说都挺好，反映出了学生的风采。

2. 您认为新人做出的设计应该具有什么样的特点？给您印象最深的是哪个作品？

希望看到学生能展现出90后自己的生活，以他们的眼光所看到的社会的生活方式、形态，能在作业中得以显现。刚刚所说的"小大人"的问题也是这方面，他们要解决的问题太大，而那些问题恐怕现在都尚未解决。不是说不希望学生关注那些终极问题，而是更愿意看到学生关注他们熟悉的那一块。我觉得跑酷俱乐部那个方案不错，倒并不是因为他用平板展示了动画，而是因为体现出了以他们的眼光看待这个社会是什么样子的。当然我也知道每个学校都是高水平的建筑院校，教学计划也是高水平的，所以题目都是确定的。但是学生可以以他们的年纪去看，如果能有一些构想反映这个年代更好。通常我们要规定出建筑流线，但是有一些社会新出现的行为，像跑酷，这样的主题的挖掘，是否表现成这样倒是不一定，但必定是有启发的。

3. 您认为一、二年级是否竞争力一定就弱？

那倒不一定，三年及以下肯定是三年级学得多。如果说有什么建议的话，希望还是只有三年级，倒没有强弱，只是体现公平。根据我们专业的特点，放在一起有助于传承，但三年级以下这个概念必定会被理解为三年级。当然也有好处，一、二年级优秀的学生会被挖掘出来。但从公平的角度看，要么就都不分，像有些竞赛只要求研究生，甚至说只要是学生都可以参加。倒没有三年级一定比一、二年级好的结论，但是数量上肯定多，恐怕再办下去还是三年级的选出来的多。这个比赛的导向和设计我们不太清楚，但是她有她的优点，能够激励一、二年级的同学，可能先熟悉一下明年再来参加。还有一个好处就是影响面要比单纯的三年级要广。

4. 为建筑学新人们的寄语？

年轻人应该想年轻人所想，做年轻人所做。

优秀作品

CHINA

2014 建筑新人赛 BEST 5

邓鸿浩

天津大学建筑学院
建筑系三年级
指导教师：张昕楠、王　迪

跑酷俱乐部——飞越菜市场

任务书介绍

　　本题目为针对特定人群的主题活动俱乐部设计，以满足人群活动、交流、展示、休闲等综合功能。总建筑面积为 3000 平方米，包括活动室若干、展览空间、休闲空间、反映设计概念的特色空间以及其他辅助性功能空间。

　　本课题的教学目标与设计主旨在于：引导学生对特定人群行为、心理、活动尺度、社会关系等进行研究，探索其与空间的对应关系，训练学生对空间的理解，培养其空间创造能力；根据场地所在的城市环境、周围人群的空间使用特征、场所的功能属性，将建筑作为城市的有机部分进行设计，引导学生营造具有积极意义的场所空间。

指导教师点评

　　在这个天津大学三年级为期 3 周的专题课程设计中，学生被允许在进行场地分析的基础上，选择特定的人群并进行主题性俱乐部设计。

　　邓鸿浩同学的方案将跑酷活动引入平静而复杂的场地环境，试图以一种奇景达成关于日常的"返魅"。在设计中，场所的真实性和行为的空间性被作为设计的线索引入到功能的组织和空间原型设计中；设计者利用简单元素的组合创造出丰富的特色空间。建筑逻辑清晰，并运用大量的空间图表对行为与空间的关系进行了细致的分析。基地不同人群在此交汇，创造交流的机会和可能，在日常空间里发生着不一样的故事。

　　在某种意义上，建筑可以被理解为满足环境和行为活动之"衣"——正如同"衣"同样需要回应场合、气候和具体着装者的身体尺度一样。依着这样的理解，跑酷俱乐部设计达成了满足跑酷者皮衣需求和周边复杂环境利用者棉衣需要之间的平衡。（张昕楠、王　迪）

NORMAL SPACE

　a. 5mx5mx5m 的方盒子
提供双层的**正常活动空间**

PARKOUR SPACE

b. 方盒子相交、相错而成的

冗余空间 = 跑酷空间

Cat Jump
200 edge

D??M
2100

Rail swing

HEIGHT 2400
HEIGHT 2100
WIDTH 200

Flag jump

Monkey slide
30~60

Moon walk
<3000

HEIGHT 3000
ANGEL< 60
HEIGHT 1100

Rail spin
500

Tic-tac

Palm spin
1100

HEIGHT 1100
WIDTH 1500
HEIGHT 1200
GAP 500

跑酷入口

HERITAGE & STRATEGY
1.MASS SHAPING BY SITE 2.FUNCTION IN NEIGHBORHOOD

PARKOUR

SPACE ORGANIE - SQUARE

SPACE ORGANIE - ALLEY

基地周原空间被拆迁的功能调查 广场

基地周原空间形状的功能调查 小巷

ALLEY COVERED BY TREE

区域功能
及其空间形式调查

Under construction

Square

市场

45m²

ALLEY COVERED BY TREE

基地周原空间形状的功能调查 商業街道

由树开敞的小巷

设计说明 GAME SETTING

俱乐部由长宽高皆为5m的方形单元体构成，单元体内承载正常功能为普通空间，而单元间相交相错形成的冗余空间为跑酷空间。一层还原了场地上原有的菜市场，二层主要为训练场，三层则为跑酷专属会所，逐层向上功能越为跑酷者专属。依据不同的功能服务对象，使用不同跑酷难度的空间单元组合，来限制不同人群的可达性。

难度与流线设定

ROUTE SETTING

Passer-by
常人路线

跑酷者路线 Parkour

DIFFICULTY

单元难度分布 易 中 难

1.环境对形体的控制
环境中的功能、空间形式树木共同塑造建筑物形体

5m

A. 场地最多放下150个相连的盒子。

原有临街功能放置于建筑内部，吸引人进入。

树的连线游戏将场地上的树木连线，沿线重塑小巷与广场

B. 将周围环境的空间形式:小巷、广场与商业街重新组织进建筑。

C. 树木推挤外立面、开启小巷的同时使盒子相交相离，间接创造出跑酷可能性。

每层50个单元共三层、15米的高度满足所有的跳跃动作。

PARKOUR

N

SITE PLAN

2.周围人群的参与

1F

2F

3F

将基地上及基地周围原有的菜市场还原至建筑物一层。其上逐渐为专门针对跑酷爱好者和跑酷者的功能。 常人参与度

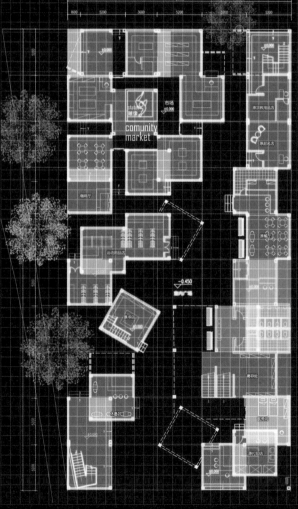

comunity market

市场 ±0.000

原旅教用品店

-0.450

RELATIONSHIP & STORIES

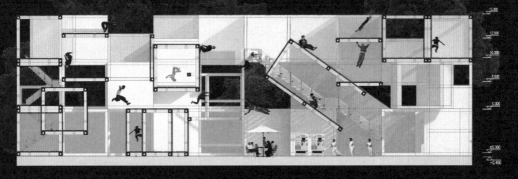

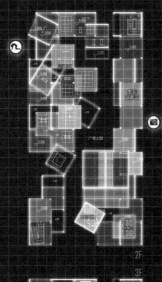

2F

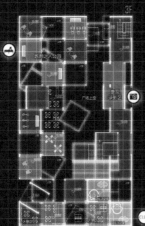

3F

Up ways
Down ways
Dia fly

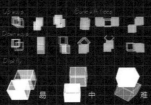

易　　　中　　　难

Rail spin

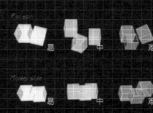

易　　　中　　　难

Money slide

易　　　中　　　难

Flag jump

易　　　中　　　难

Moon walk

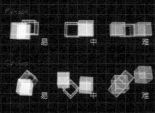

易　　　中　　　难

Pop up

易　　　中　　　难

Leg jump

易　　　中　　　难

Tic-tac

易　　　中　　　难

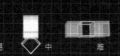

Tic-tac

一种**动作**
三种**难度**
以踢墙反
跳为例

HARD: 专家级

尺度上只有
跑酷才能通過

DAVID BELLE

MEDIUM: 业余级

跑酷不费力气
不会则需冒险

BROTHER GUAN

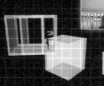

EASY: 路人级

仅是空间具
有跑酷可能性
正常可以通过

CHINA

2014 建筑新人赛 BEST 5

姓名 李平原

东南大学建筑学院
建筑系三年级
指导教师：唐 斌

EXTRACTION AND INJECTION 沙塘园食堂改造

任务书介绍

本课题为本校沙塘园食堂改扩建设计，希冀将原本功能较为单一的食堂改造为综合性的校园生活中心。在向大师学习的基础上，针对当下的需求进行功能与使用的策划，学习并掌握功能复合的公共建筑设计原理和基本知识。

学习场地、结构、空间、功能互动的设计方法；学习在校园复杂场地环境中开展调研工作以及分析新旧建筑关系的技巧；学习功能配置与结构选型相结合的技巧；了解既有建筑功能置换、性能化改造以及适应性再利用的策略、方法和技术细节。

指导教师点评

本设计为东南大学建筑学院三年级第三个设计课题，为期7周。课题设置目的在于训练既有建筑的功能置换、空间再造及与城市空间关系的重整。

课题选择了东南大学正门对面的沙塘园研究生生活区，改造建筑为沙塘园食堂，为我国著名建筑设计大师杨廷宝先生作品；新建部分通过拆除部分生活服务设施，并经学生调研、策划实现。新、旧建筑在实现统一功能线索、空间建构的同时，需回应与校园空间轴线的内在关联，并对城市街区的界面做出一定的优化。

李平原同学的设计为基地注入了新的活力，激发了由城市至建筑的空间联动。新建部分由规整的实体单元围绕透明的核心空间组织，内部广场、中央大厅及旧建筑的中庭形成相互贯通的空间序列，与设计者策划的功能类型形成有机映射。该设计通过内外空间的组织避免了建筑空间的封闭性，立体贯通的空中连廊，以及开放式的屋面平台无不显示了设计者对外部空间形态的关注，而这种空间的连续性恰成为组织新、旧建筑空间与功能关联的主线。（唐 斌）

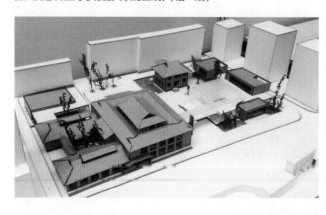

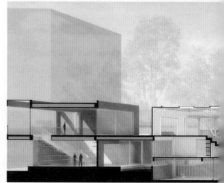

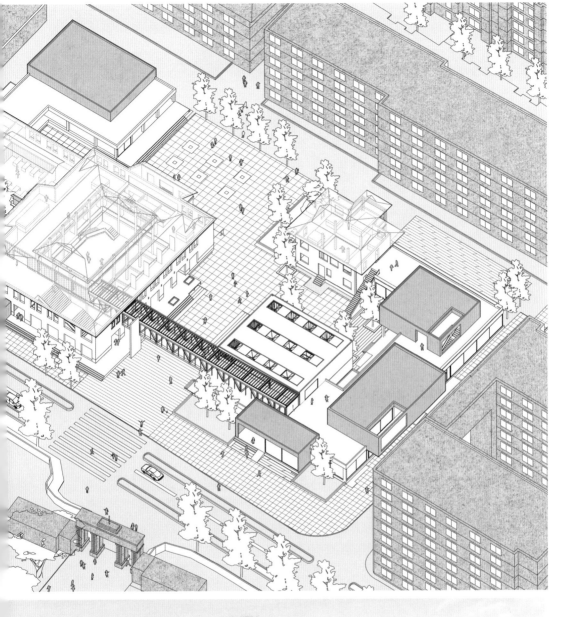

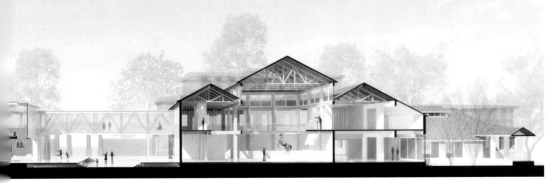

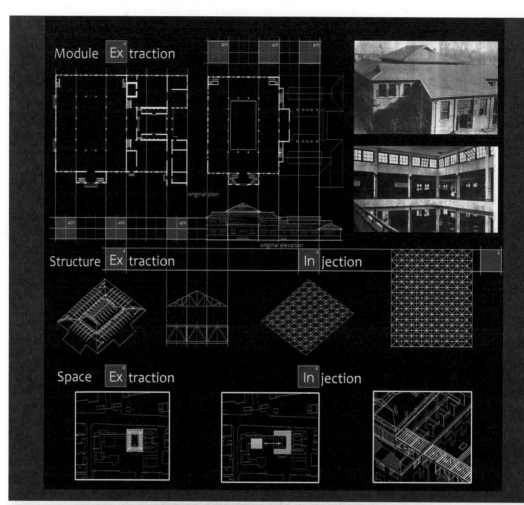

Module Ex⁴traction

original plan

original elevation

Structure Ex⁴traction   In⁴jection

Space Ex⁴traction   In⁴jection

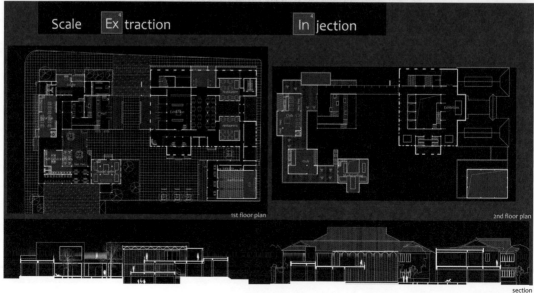

Scale   Ex⁴traction   In⁴jection

1st floor plan

2nd floor plan

section

设计说明

旧建筑改造项目中总是难以避免"新旧关系"问题。新建筑如何能既得体地存在于旧建筑的环境之中，又能体现其所属"新"时代的当下性，是城市更新的过程中必须回答的问题。沙塘园食堂是杨廷宝先生的作品，本设计旨在对沙塘园食堂及周边环境完成尺度缝合、界面更新、公共空间重构、校门空间节点设计等一系列城市设计工作之外，以一种低调含蓄的做法呼应沙塘园食堂，这种呼应体现在新旧建筑的模数、结构形式、空间结构上。并将这种呼应总结为 Extraction[既可解读为对原有建筑的一种特征"提取"，也可解读为"血统"（Bloodline）]，并重新介入场地（Injection）。试图在为东南大学师生创造良好的活动场所之余，完成对大师作品一种含蓄的回应与继承。

许安江

华南理工大学建筑学院
建筑系二年级
指导教师：钟冠球

HOPSCOTCH IN HOPSCOTCH

任务书介绍

　　南方九班幼儿园项目基址位于华南理工大学老校区东侧，地处校园与外部交换的枢纽位置，北靠职工居住区，南面闹市交通要道。总建筑面积 3000 平方米，总体规模为 9 个班，小、中、大各 3 个班。幼儿园类教育建筑具有一定特殊性，要求建筑及场地符合幼儿园建筑设计规范，功能分区、流线合理，并具有良好的室外环境设计。本设计课题为本院延续多年的经典课题，希望学生在合理利用场地条件，加强设计基本功训练的同时，通过建筑设计形成利于幼儿成长的空间环境。

指导教师点评

　　幼儿园设计的综合训练是学生对二年级设计课程的总结。

　　任务书不应是设计的约束，建筑师是话题的主人！

　　方格网模数是最简单却是变化最多的，衍生出有意思的空间可能性。

　　相比一般学生的设计方法，情景式设计是这个方案的特色。

　　很多学生毕业以后就失去了想象能力，在缺乏创造性的年代，梦想哪怕幼稚仍难能可贵！（钟冠球）

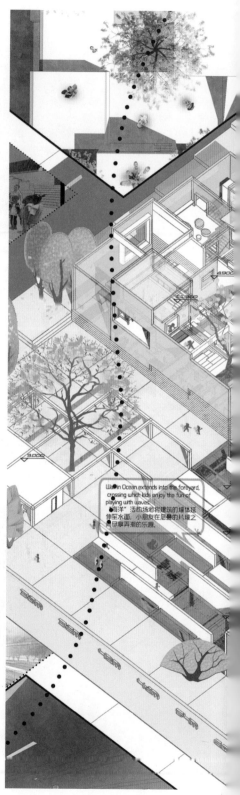

"海洋"活动场地将建筑的墙体延伸至水面，小朋友在层叠的片墙之间尽享弄潮的乐趣。

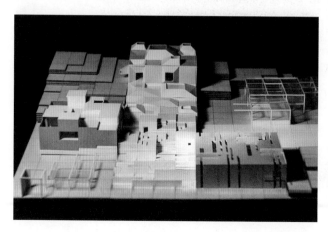

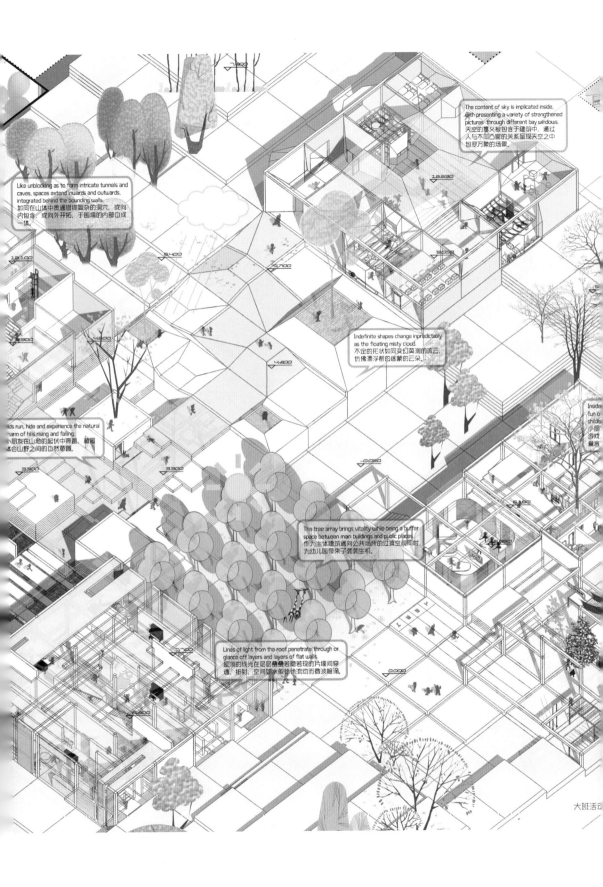

The content of sky is implicated inside, with presenting a variety of strengthened pictures through different bay windows.
天空的意义被包含于建筑中，通过人与不同凸窗的关系呈现天空之中包罗万象的场景。

Like unblocking as to form intricate tunnels and caves, spaces extend inwards and outwards, integrated behind the bounding walls.
如同在山体中贯通错综复杂的洞穴，或向内包含，或向外开拓，于围墙的内部围成一体。

Indefinite shapes change inpredictably as the floating misty cloud.
不定的形状如同变幻莫测的流云，仿佛漂浮着的迷蒙的云朵。

kids run, hide and experience the natural charm of hills rising and falling.
小朋友在山地的起伏中奔跑，被偶体会山野之间的自然意趣。

Inside fun o childis 小朋 游戏 童言

The tree array brings vitality while being a buffer space between main buildings and public places.
作为主体建筑通向公共场所的过渡空间同时，为幼儿园带来子苗勃生机。

Lines of light from the roof penetrate through or glance off layers and layers of flat walls.
屋顶的线光在层层叠叠若隐若现的片墙间穿通、折射，空间如水假徐徐流动而微波暗涌。

大班活动

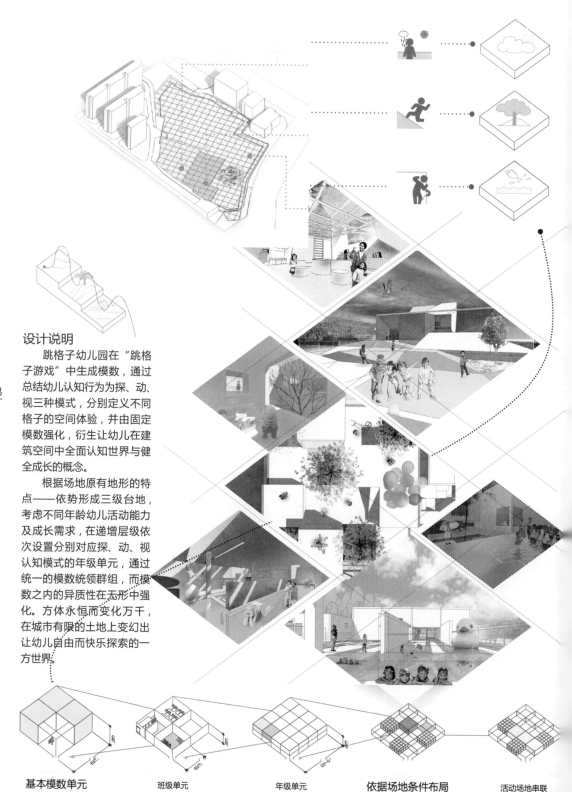

设计说明

跳格子幼儿园在"跳格子游戏"中生成模数，通过总结幼儿认知行为为探、动、视三种模式，分别定义不同格子的空间体验，并由固定模数强化，衍生让幼儿在建筑空间中全面认知世界与健全成长的概念。

根据场地原有地形的特点——依势形成三级台地，考虑不同年龄幼儿活动能力及成长需求，在递增层级依次设置分别对应探、动、视认知模式的年级单元，通过统一的模数统领群组，而模数之内的异质性在无形中强化。方体永恒而变化万千，在城市有限的土地上变幻出让幼儿自由而快乐探索的一方世界。

基本模数单元　　　班级单元　　　年级单元　　　依据场地条件布局　　　活动场地串联

附属功能　　　　　模数化联系

姓名 袁希程

中国美术学院建筑学院
建筑系二年级
指导教师：王 欣

属耳垣墙

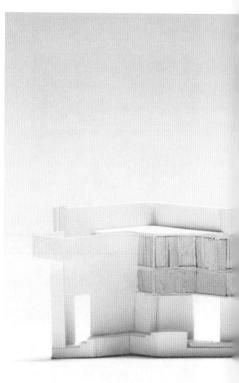

任务书介绍
分析一副明清木刻版画或者砖雕作品，对其进行空间分析，从而设计一座小型建筑。

指导教师点评
以墙作为本案的设计载体，巧妙利用空间的多样性编织出人与人的亲疏关系。

借鉴多种艺术形式并加以融合，训练了学生基本的空间创造力。

（王 欣）

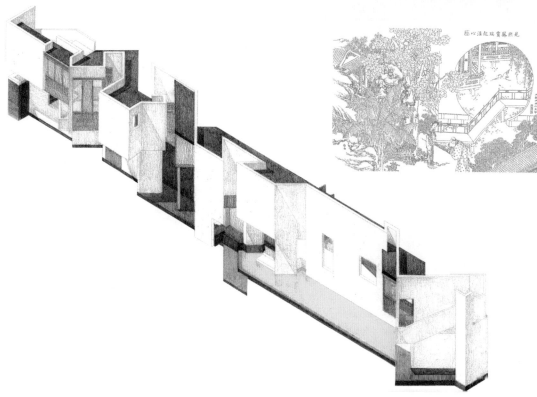

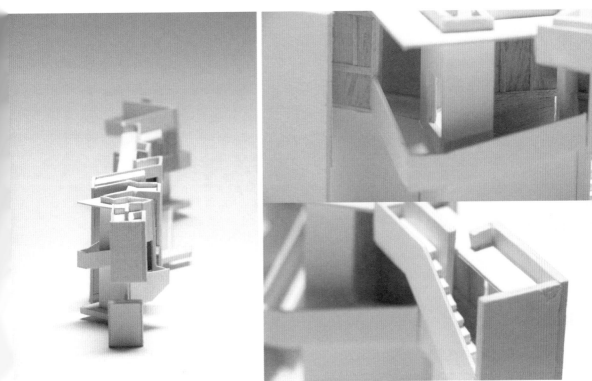

故事情节
PLOT

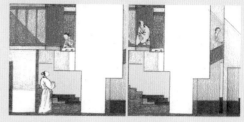

1 酒后乱爱
Falling in Love at First Sight

贾瑞来找王夫人，却被凤姐骗入穿堂。
Jia went to find Mrs. Wang and sneaked into the hallway as they arranged at midnight.

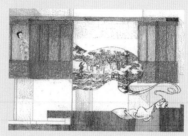

2 腊月挨冻
Endurig Cold in the Winter

腊月天寒，白白一夜守候。
Jia Rui was frozen in the cold wind of the 12th month of the lunar year and waited in vain.

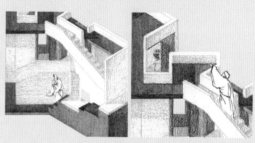

3 再次赴约
Dating Again

第二次又在凤姐卧房小过道里等候凤姐，贾蓉、贾蔷捉弄他。
Jia waited in the empty room in the aisle behind Mrs Wang's bedroom again and tricked by Rong and Qiang.

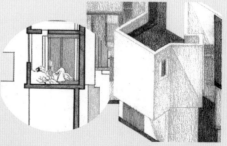

4 镜中云雨
Self-deception after Frustrating

贾瑞不顾跛足道人之言，正照风月宝鉴，一命呜呼。
Jia looked into the carnal mirror in spite of the warning of the Lame Taoist and lost his life.

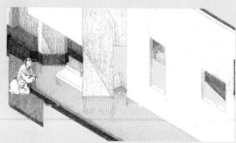

5 放空静思
Recalling the Whole Event

此处为设计者补充添加，描写贾瑞丢魂后的静思之上下的旧屋。
This is added by the designer to describe the rethought of Jia after losing his life and went back to the old house.

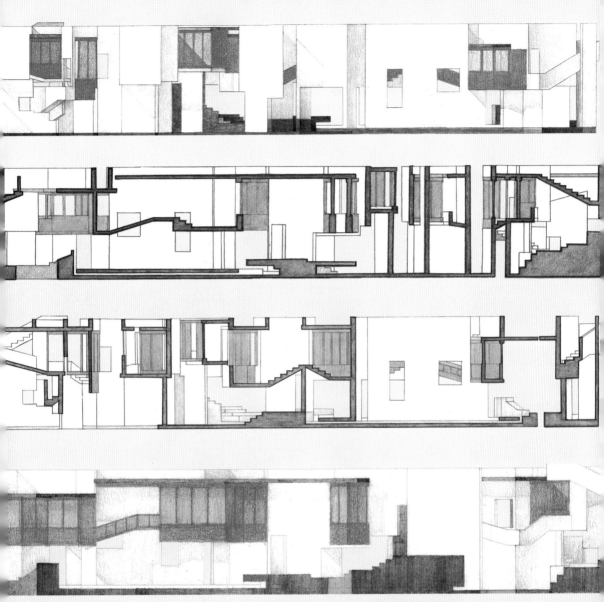

设计说明

　　本案占地长 30 米，宽 2.5 米，上下分为三层，一半卧水而设，房屋集中在二层，屋顶可登临。立面分为三段，分别为 "密集纠缠"、"隔房两望" 和 "放空静思"。

　　本案取法于王毅卿所绘红楼梦木刻版画《见熙凤贾瑞起淫心》，画中两位主人公王熙凤和贾瑞背后有一面开有圆洞的白墙，墙立于水面，曲桥穿墙而过，墙的两边柳树假山层叠呼应。本案的路径和视窗设置便是根据故事的情节而划分。相当于一个舞台，所有的开窗为了舞台中的人物关系而设，而不是为了作为外部观看者的我们。

　　"属耳垣墙" 这个名字来源于千字文 "易輶攸畏，属耳垣墙"，意思是不要疏忽很容易轻视的事。隔墙有耳，说话小心，不要旁若无人。这正好点明了一堵墙在人与人之间关系中起到的微妙作用。

CHINA
2014 建筑新人赛 BEST 5

杨子依

西安建筑科技大学建筑学院
建筑系二年级
指导教师：刘克成

INHERITING—THE SMALL INN DESIGN

任务书介绍

基地位于西安最具特色的鼓楼回民街坊，并紧靠北院门 144 号高家传统院落。南邻多层居民住宅，东靠回民街商业街访，西对化觉巷商业街坊。

课程选题为"院·舍——小客栈设计"，要求承载 20 间客房，主题和其余功能由学生自行拟定。设置充分发挥学生的潜在能量，让学生相信自在具足。并通过"生活与想象""场所与文脉""空间与形态""材料与建构"的设置，引导学生进行设计。"四面埋伏"的环境，如何应对场所环境并合理组织功能空间将是此设计的关键。

指导教师点评

本设计是学生第一次真正意义上的完整设计，需要同时整合场所、功能、空间等复杂问题。

杨子依同学通过对基地的深入调研，以"回民街生活"作为设计的起点，希望创造一个具有"此时此地"体验感的"小客栈"。在生活起点的支持下，设计以东侧毗邻的关中民宅高家大院作为客观研究对象，从生活场景、空间关系、建构逻辑等多方面构架了一种建筑与场所的关联性，在延续传统的同时，让高家大院从一个固态博物馆成为设计的一部分，给予场地契合而曼妙的动态生活体验。（刘克成）

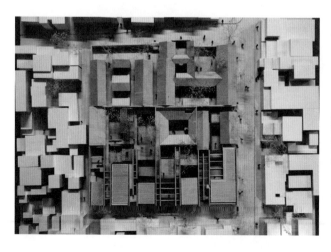

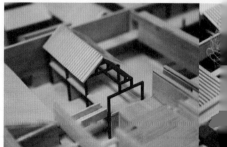

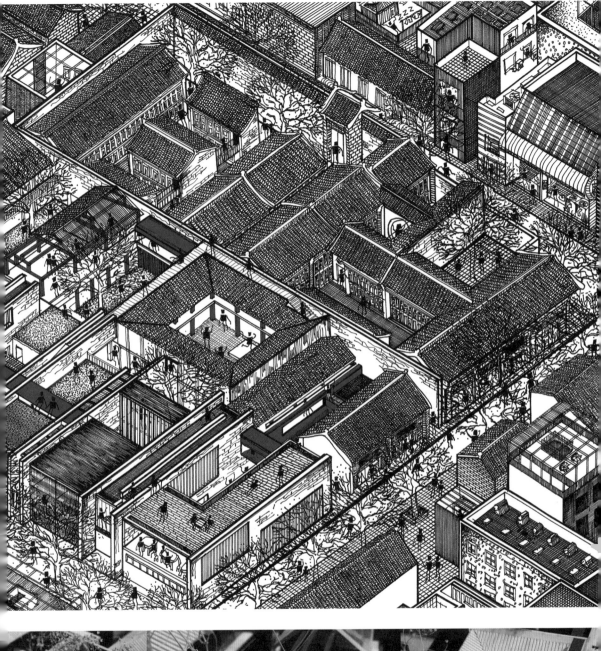

街·巷

院·宅
YARD·HOUSE

院·宅
YARD·HOUSE

解·读
INTERPRETATION

The dialogue of the traditional dwellings

The new design will shield and transform the noisy and messy surroundings.

A stage in the GaoHouse and a garden in the west of the house give a challenge of the new design.

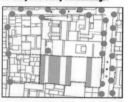

The same elevation between the GaoHouse and the site provides an opportunity for the design

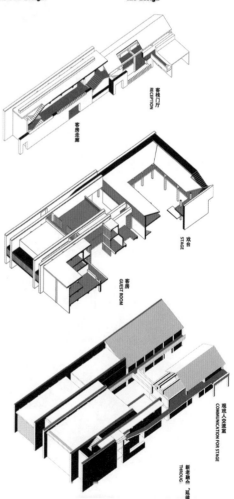

客房门厅 RECEPTION
客房走廊
戏台 STAGE
客房 GUEST ROOM
观戏·人交流室 COMMUNICATION FOR STAGE
新老融合 瓦顶·墙 THROUG

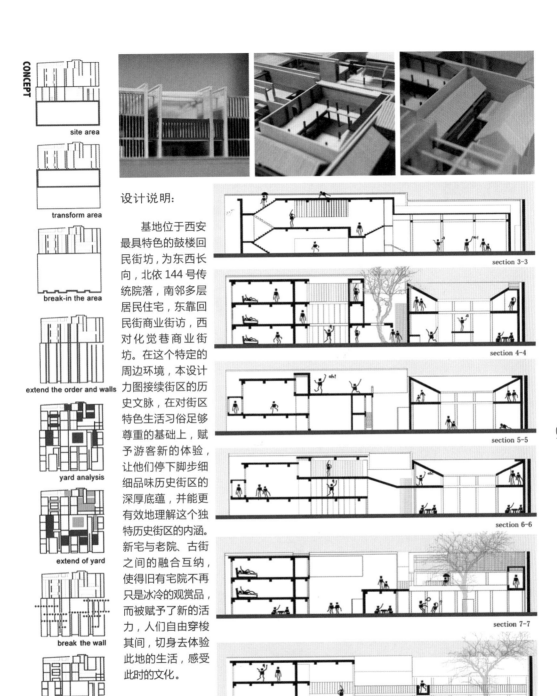

CONCEPT

site area

transform area

break-in the area

extend the order and walls

yard analysis

extend of yard

break the wall

organization

设计说明：

　　基地位于西安最具特色的鼓楼回民街坊，为东西长向，北依 144 号传统院落，南邻多层居民住宅，东靠回民街商业街访，西对化觉巷商业街坊。在这个特定的周边环境，本设计力图接续街区的历史文脉，在对街区特色生活习俗足够尊重的基础上，赋予游客新的体验，让他们停下脚步细细品味历史街区的深厚底蕴，并能更有效地理解这个独特历史街区的内涵。新宅与老院、古街之间的融合互纳，使得旧有宅院不再只是冰冷的观赏品，而被赋予了新的活力，人们自由穿梭其间，切身去体验此地的生活，感受此时的文化。

section 3-3

section 4-4

section 5-5

section 6-6

section 7-7

section 8-8

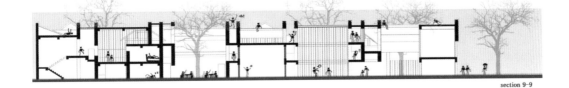

section 9-9

CHINA
2014 建筑新人赛 BEST 18

蔡胜愉

苏州科技学院
建筑系三年级
指导教师：刘皆谊

回到洞窟，回到森林

回到洞窟，回到森林

指导教师点评

　　本次设计是从单一的空间模块开始思考，并藉由模块的复制与组合开始，将空间延伸形成学生活动中心。对于现有的树林环境，本设计巧妙利用共存的概念，最大限度将学生的各种活动、原有树木进行结合，同时也调整了立面，模糊室内外边界，以视线的穿透、光线的引入，以及设置不同视角的停驻空间，创造了各式各样的活动节点，让整个活动中心成为可以交流、呼吸、互动的融合空间，也为学生活动中心设计赋予了新的意义。(刘皆谊)

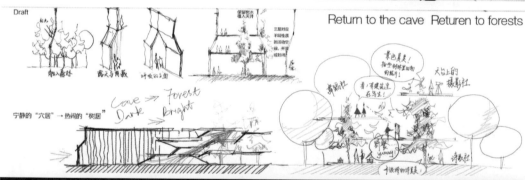

Return to the cave Returen to forests

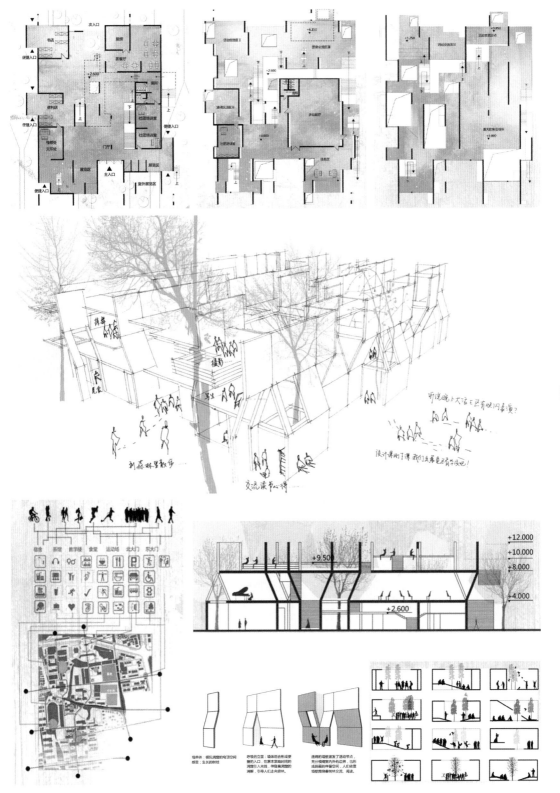

CHINA
2014 建筑新人赛 BEST 18

胡浩森

华南理工大学
建筑系三年级
指导教师：罗林海

水穿山延——艺术博物馆设计

指导教师点评

　　该设计较好地考虑了用地及其与周边环境的关系，对景观、朝向与建筑的关系作了一定程度的分析，并在最终方案中体现出来。

　　建筑设计中结合功能使用，利用了展览陈列空间及交通停留空间的特点，创造出了封闭与通透的空间，厚重与轻盈的形态的强烈对比，并结合景观、朝向设置于较适合的位置。沿观展流线，建筑空间也逐渐由封闭过渡到开敞，并与自然环境融为一体。

　　整个设计简洁流畅，做到了内与外、功能与形式、空间与形态的统一。（罗林海）

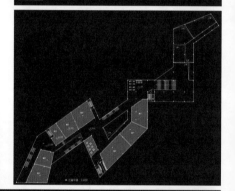

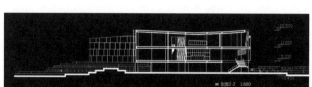

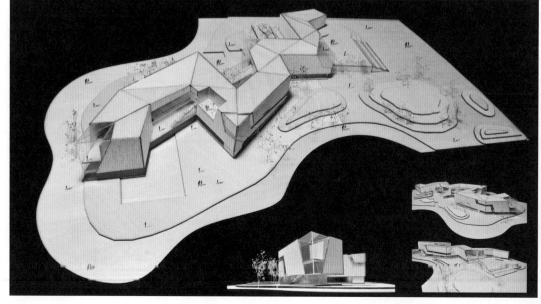

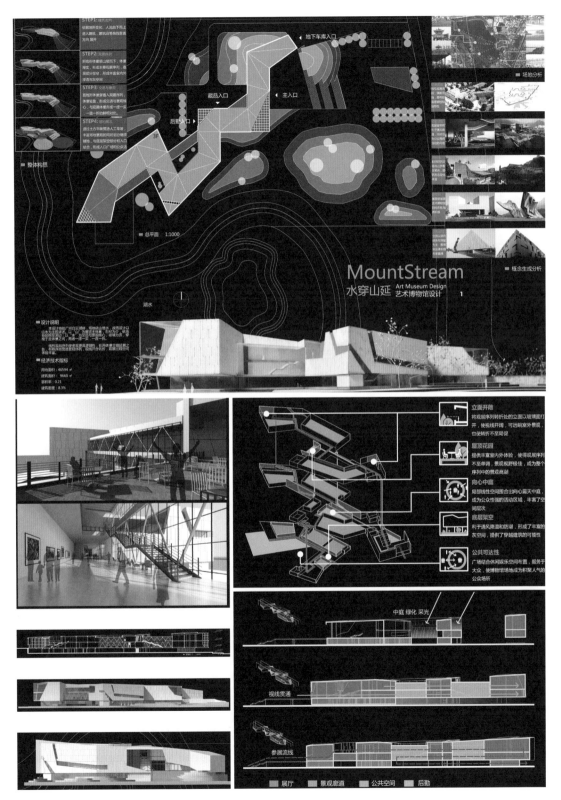

MountStream
水穿山延　Art Museum Design
艺术博物馆设计

CHINA
2014 建筑新人赛 BEST 18

黄丽丹

华南理工大学
建筑系二年级
指导教师：冷天翔

景观建筑小品设计

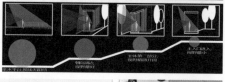

指导教师点评

　　华南理工建筑学院一年级最后一个作业"景观建筑小品设计"，是建筑学本科一年级建筑基础训练的一个总结。黄丽丹同学在这次作业中，较好地发挥所学设计知识与建筑表达技法进行设计。初次系统了解建筑设计的一般过程，并初步掌握了建筑设计的基本方法。对形式操作方法与建筑功能二者的关系有了初步认识，结合人体尺度，考虑人的行为，运用课程前面学习到的形式构成规律，解决空间建造的可行性、合理性和安全性问题。（冷天翔）

FRAME 1
景观建筑小品设计
LANDSCAPE DESIGN

设计说明：

框景是中国古代园林常用的艺术手法应用与景观建筑中及大地增加了观赏的趣味性。
小品位于华农湿地公园西湖岸边交通密集，人流量大的位置为师生游客提供了休憩观景的场所，也为聚会就往创造了新的可能性。

建筑面积：143.7m²
占地面积：364m²

总平面 1:500

平面生成

初步模数定位 　根据观景点进行体块错位 　调整体块大小 　深化设计后微调平面，确定骨骼线

整体造型生成

从平面拉伸得到立体 　减法构成，削去部分使形体丰富，依地势布置形体 　折板概念引入 　加入格栅，增加趣味　内部阳光木材，增加亲切感　立面开口，打破过实空间

材质

防水涂层
混凝土
木板贴面

钢材　木板　大理石　混凝土

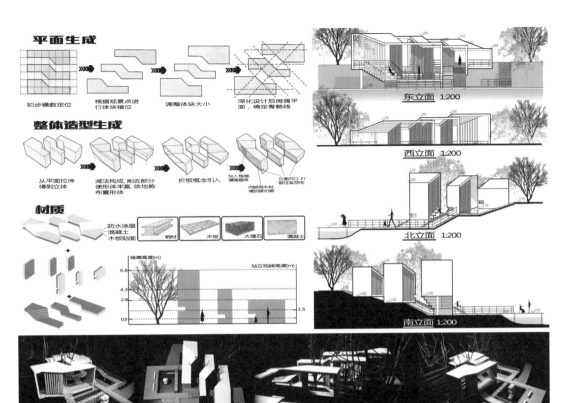

东立面 1:200

西立面 1:200

北立面 1:200

南立面 1:200

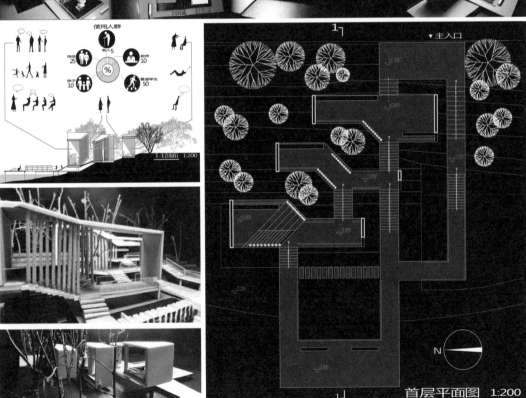

使用人群

1-1剖面 1:200

主入口

首层平面图 1:200

黄羽杉

天津大学
建筑系三年级
指导教师：郑　颖

HOUSE IN DIFFERENT LEVELS

指导教师点评

　　这是一个位于天津旧租界区基地内的小型旅馆的设计。该方案针对周边环境虽有原租界公园及历史建筑等遗产资源却缺乏城市活力的问题，将旅馆定位为开放的青年旅社，试图通过外来年轻人为该地区注入新的生机。建筑空间设计上，方案以不同高度单元平台的错动为主题，在人均面积较低的青年旅社内既保证了个人住宿空间的私密性，同时又结合平台之间的不同高差创造了各个单元之间多种多样的交流形式，非常巧妙地解决了旅馆类建筑，特别是青年旅社中私密与公共、封闭与开放之间的平衡问题。建筑布局在延续基地东侧联排住宅肌理的同时，根据城市周边环境进行了进退的处理，分别面向城市街道及相邻社区创造出不同性质的室外广场，为城市公共空间做出了贡献。（郑　颖）

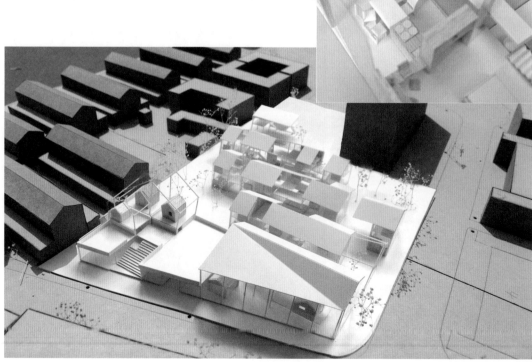

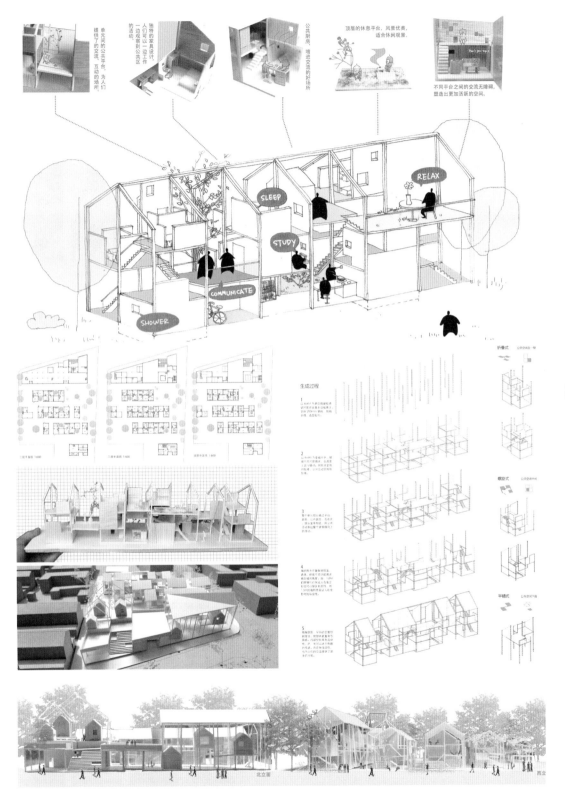

蒋一汉

西安建筑科技大学
建筑系三年级
指导教师：刘克成

回舍——北院门小客栈设计

指导教师点评

　　本次设计基地位于西安最具特色的鼓楼回民街坊，并紧靠北院门144号高家传统院落，如何应对场所环境并合理组织功能空间将是此设计的关键。

　　蒋一汉同学的设计在认真研究场所环境、肌理、尺度、空间格局等相关问题之后，以一种全新的姿态介入场地，新旧对比极其突出。但细看新建筑的每一个操作、每一个组织、每一个开口、每一个留缝都在努力寻求和场地的直接对话，环绕院落的空间组织模式也在寻求和高家院落空间的关系。从结果来看略显复杂了一些，但作为二年级学生，已然达到了很好的训练目的，对空间关系的塑造及场所环境的应对十分出色。（吴　瑞）

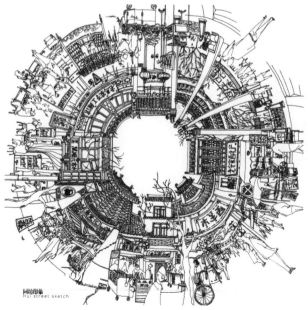

回坊印象
Hui street sketch

回坊印象
Hui street impression

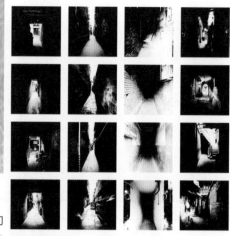

高宅空间解析
Gao House space analysis

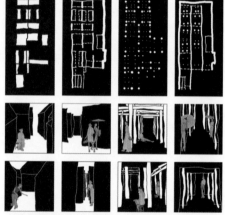

高宅模型解析
Gao House model of 4 types

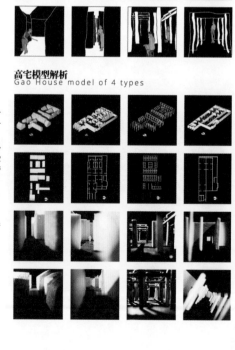

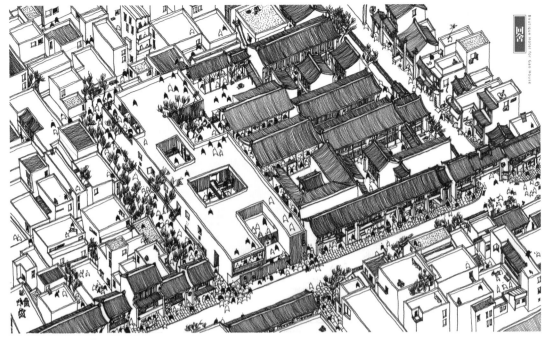

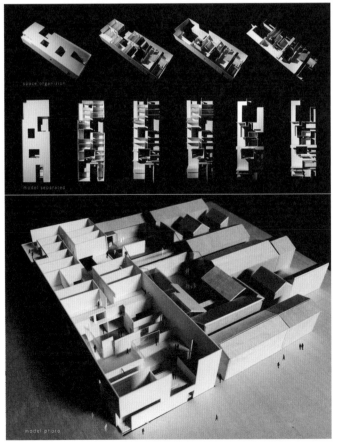

space organizion

model separated

model photo

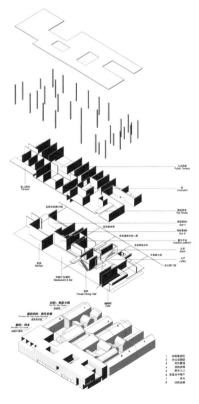

CHINA
2014 建筑新人赛 BEST 18

罗 西

东南大学
建筑系三年级
指导教师：夏 兵

THE WHALE THEATRE

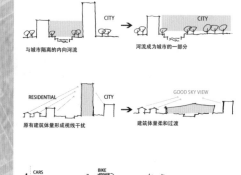

与城市隔离的内向河流　河流成为城市的一部分

原有建筑体量形成视线干扰　建筑体量柔和过渡

原有河岸布置使市民无法接近水面　围绕河流创造活动空间

指导教师点评

　　基地位于城市中心一个繁忙的交叉路口，一条河流贯穿其中。设计者非常明确地将文化艺术中心的主要功能(大观众厅)放置在北岸地块，毗邻主要干道，将小观众厅以及艺术 Loft 等次要功能紧凑地放置在南岸地块——相对僻静的位置，其目的是在面向城市干道交叉口的街角位置空出一个开放的广场，通过广场将河流与城市空间充分联系在一起。意图明确的总图布局，加上内部简洁的流线和标志性的形体，成就了一个轻松而有特色的方案。(夏 兵)

大小剧场激活两块场地　观众流线与演职人员流线区分　沿河流方向扩展体量以获得最大景观面且退让出最大广场　整体体量单元化更加适应周围环境尺度水景以相同形式引入广场　环河流流线联系各个广场及出入口

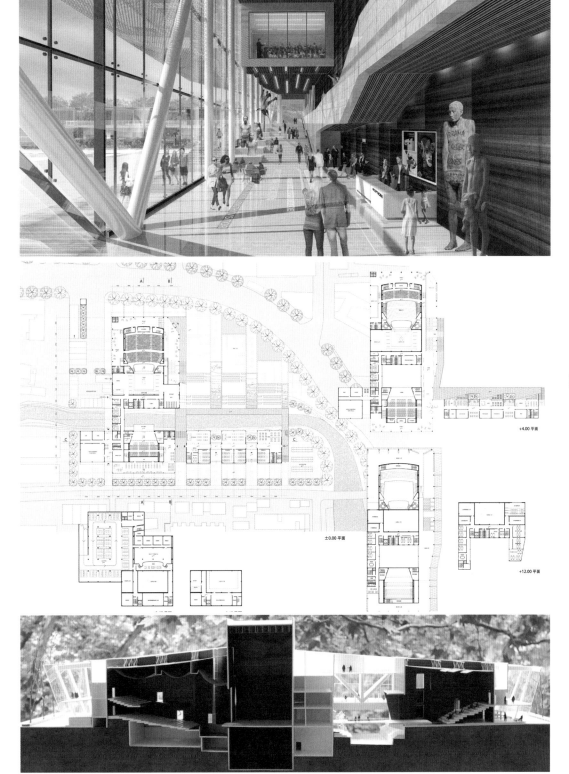

+4.00 平面

±0.00 平面

+12.00 平面

吕欣田

西安建筑科技大学
建筑系三年级
指导教师：李立敏

镂·筑——关中剪纸展览馆建筑设计

指导教师点评

  该方案以展品（剪纸）定位为出发点，意象成建筑空间，思路清晰。充分考虑城市设计，清晰定位与高陵绿化景观轴线关系。巧妙地将剪纸中的阴阳关系与建筑室内外空间相对应，形成展览、休闲娱乐和办公等室内功能区块，以及限定度不同的各种空中立体庭院空间，布局合理，流线清晰。造型设计与剪纸主题紧扣，形成镂筑之态，与平面功能相呼应，环境设计亦凸显主题。技术设计较为深入，对通风、采光、排水、疏散、照明等细节均有所考虑。排版用色统一，清新自然。（李立敏）

概念原型

概念的原型来自于展品——关中剪纸。
剪纸艺术是汉族传统的民间工艺，它源远流长，经久不衰。
剪纸是一种镂空艺术，其在视觉上给人以透空的感觉和艺术享受。
其特点主要表现在空间观念的二维性。
制作过程精细，初步刻画后继续长时间细节刻画。

镂与筑

镂：
剪纸手法的运用
首先刻画区分室内与室外空间
然后细部刻画以供采光
此操作是在二维空间上的

筑：
折起形成三维空间
空间分为阴阳两种层次
阴为室内展览等空间
阳为庭院空间
庭院采光将展览空间联系

概念生成

功能切片

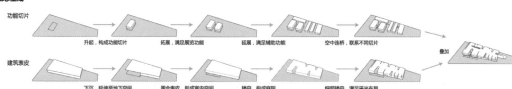

升起，构成功能切片 拓展，满足展览功能 延展，满足辅助功能 空中连桥，联系不同切片 叠加

建筑表皮

下沉，延伸至地下空间 围合表皮，形成室内空间 镂空，构成庭院 细部镂空，满足采光布局

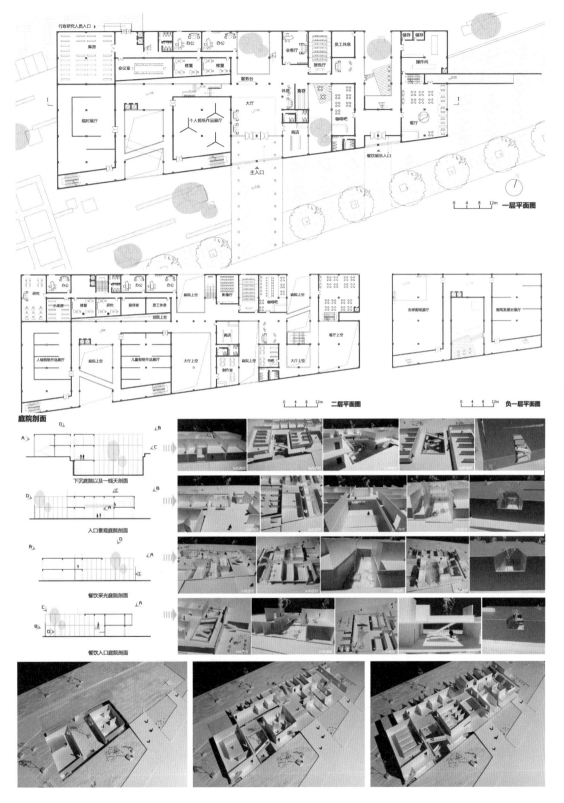

一层平面图

行政研究人员入口

库房　办公　办公　会客厅　员工休息　储存　储存
会议室　修复　修复　接待厅　操作间
服务台
临时展厅　个人剪纸作品展厅　大厅　休息　寄存　咖啡吧　餐厅
商店
餐饮娱乐入口
主入口

0 4 8 12m　一层平面图

研究　办公　办公　庭院上空　庭院上空
小库房　修复　研究　接待室　员工休息　庭院上空　咖啡　商店
人物剪纸作品展厅　庭院上空　儿童剪纸作品展厅　大厅上空　庭院上空　书吧　大厅上空　餐厅上空

吉祥剪纸展厅　剪纸发展史展厅

0 4 8 12m　二层平面图　　0 4 8 12m　负一层平面图

庭院剖面

下沉庭院以及一线天剖面

入口景观庭院剖面

餐饮采光庭院剖面

餐饮入口庭院剖面

2014 建筑新人赛 BEST 18

席 弘

南京大学
建筑系三年级
指导教师：周 凌

赛珍珠纪念馆扩建

指导教师点评

　　该设计位于南京市鼓楼区南京大学北园内，是对美国作家赛珍珠在南京的故居进行扩建，以扩大其展陈面积。设计充分考虑原故居的主导地位，空间的操作、材料的选择等均以向故居致敬和与环境协调但又不失特色为主旨。从周边环境特别是屋顶特点出发，方案采用了具有现代几何特征的双坡屋顶，以简单的推拉动作在双坡屋顶内拉出一个相似形的玻璃形体，在形式上既谦和、又体现出时代的对话。同时，由于狭长形的地块限制，建筑采用了长条形的体量，并将地上与地下空间结合，既丰富了内部的空间体验，又保证了地面的建筑形体在尺度上与原有建筑的呼应。(周 凌)

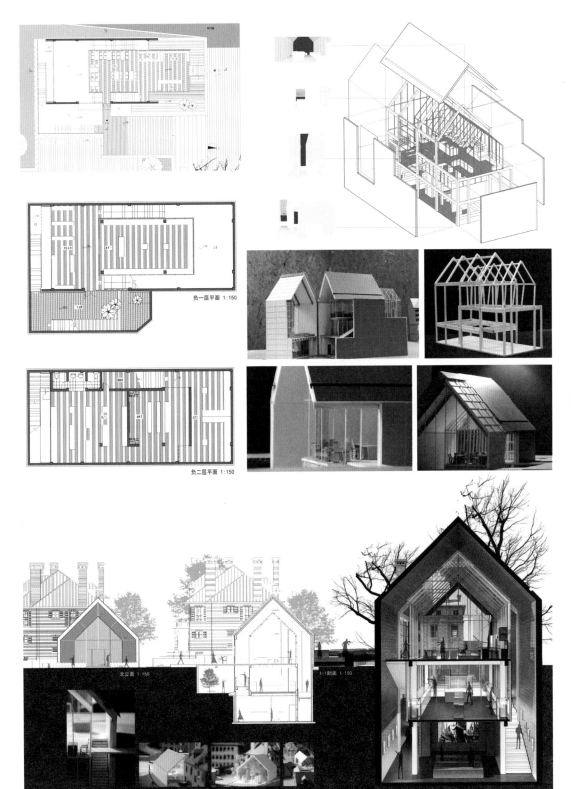

负一层平面 1:150

负二层平面 1:150

北立面 1:150

1-1剖面 1:150

CHINA
2014 建筑新人赛 BEST 18

谢靖懿

天津大学
建筑系三年级
指导教师：汪丽君

LIGHT AND RAIN

Grid

Different modules based on the function

Position of different function cubes

Add the roof form to every cube

Transition area connect exhibition and public activity area

The public area connection

指导教师点评

　　谢靖懿同学根据调研和访谈的结果加入"功能策划（program）"的内容。一系列展示功能空间既随意又刻意地与社区居民的活动散落交织在一起，令空间有了一种秩序统领下的散漫的特质，呈现出自由流动的状态。这些散落的空间又找寻了不同的角度，透过院落和周围社区对话。在具体空间操作上，她对利用光塑造空间进行了有益的尝试。光即是阴影，它的多源头可能性，它的透明、半透明与不透明性，它的反射与折射性，会交织地定义与重新定义空间，使空间产生一种不可确定的性格。在这个方案中，利用天窗和斜坡屋顶组织了光线的轨迹，形塑出在行经空间时短暂的即时性经验体会。这种刻意而弥散的空间让人有了一种不确定感，在不经意间反而促进了访客与社区居民间的自由交流，形成某些可能相互激发的氛围。（汪丽君）

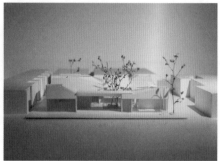

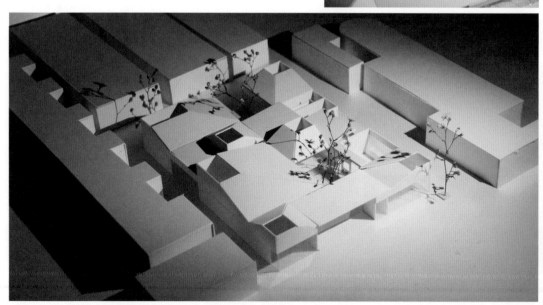

SINGLE CUBE TRANSFORM

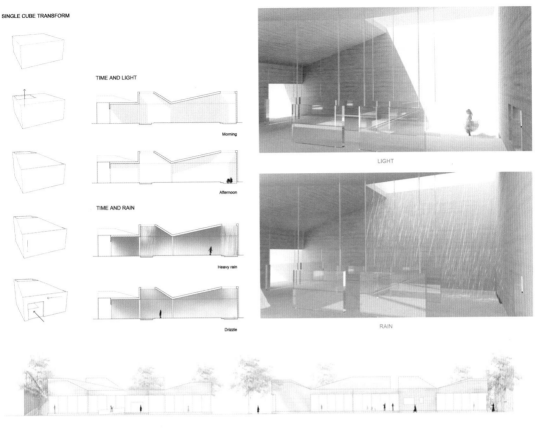

TIME AND LIGHT

Morning

Afternoon

TIME AND RAIN

Heavy rain

Drizzle

LIGHT

RAIN

严冰清

西安建筑科技大学
建筑系三年级
指导教师：周志飞

皮影——地方艺术馆设计

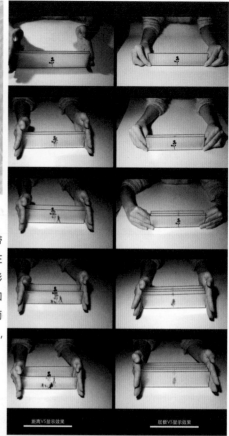

距离VS显示效果　　　　　　层数VS显示效果

指导教师点评

　　该参赛作品设计对象为皮影博物馆，创造性的利用材质和光效带来的特殊效果使得参观人群和展品布景发生良好的互动关系，穿梭在其中的人们既可以欣赏皮影，也由于自身光影投射在墙壁上成为了皮影展示的一部分。同时，通过材质的层数和距离的不同控制光影的效果和起伏，达成如中国水墨画般的写意效果。该作品设计立意创新，表达简练清晰，通过大量实体模型的分析推敲将概念落实在不同功能空间之中，过程严谨扎实，不失为一份优秀的建筑学低年级学生作品。（周志飞）

皮影
地方艺术博物馆设计

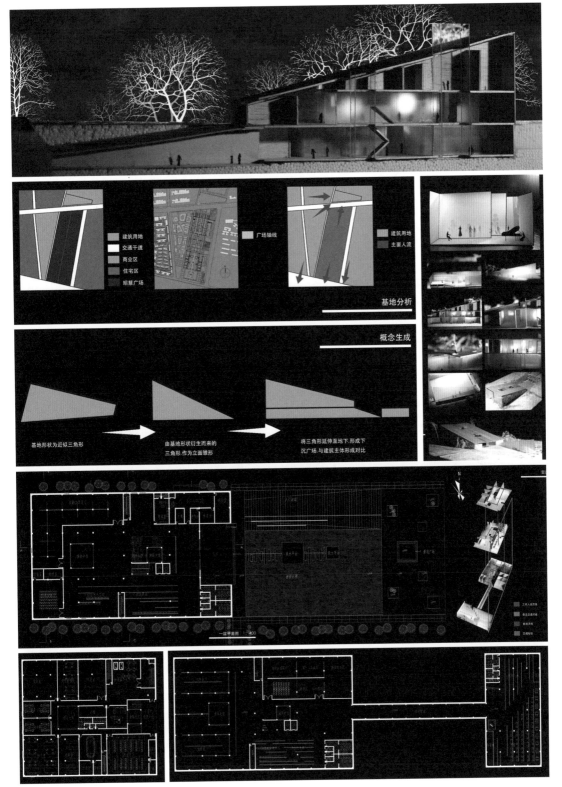

基地分析

概念生成

基地形状为近似三角形

由基地形状衍生而来的
三角形,作为立面雏形

将三角形延伸至地下,形成下
沉广场,与建筑主体形成对比

广场轴线

建筑用地
交通干道
商业区
住宅区
昭慧广场

建筑用地
主要人流

N

一层平面图   400

CHINA
2014 建筑新人赛 BEST 18

叶 葭

天津大学
建筑系三年级
指导教师：王 迪、张昕楠

LIBRARY PLUS——图书馆加建

指导教师点评

"造景"和"介入"，是评价叶葭同学"图书馆加建"的方案时不得不提到的关键词。在这个图书馆加建的方案设计中，作者在清晰梳理老馆动线和结构的基础上，以坡状体量完成了对原有空间体系中缺乏大空间的弥补，并带来了景观创造的机会，为原本萧寂的老馆北侧带来了行为活动的适宜空间环境。进而，作者以水平、竖直箱体的形式对新旧空间体系进行介入和穿插，完成空间体系的细化分割和功能的调整。（张昕楠）

Diagram 形体生成

STEP1 基地现状　　　　　　　　STEP2 从场地两侧架起草坡，形成公共广场

STEP3 围绕场地原有树木设置庭院　　STEP4 置入研究厢

Space 空间改造

Boxes 研究厢

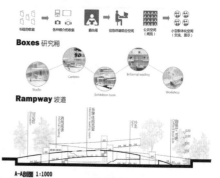

Rampway 坡道

A-A剖面 1:1000

The Design 设计意图

加建是为了改善图书馆的阅阅关系，丰富旧图书馆收藏的信息载体，使之成为各种媒体并列布置的数字化图书馆，同时更接近学生和周边市民的日常生活，满足学生交流、工作及作品、展示需求。

Concpt 概念模型

主要人流方向未设停留节点

图书馆北面场地空间消极

收藏与阅览空间关系有待改善

开敞式的大空间不利于交流

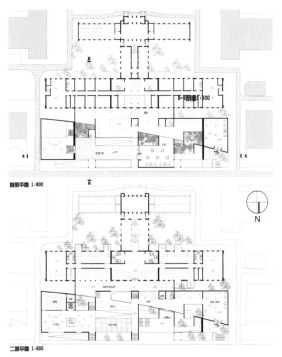

首层平面 1:800

B

二层平面 1:800

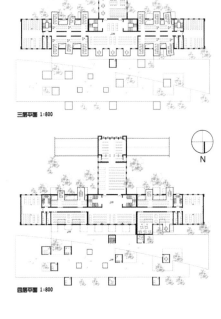

三层平面 1:800

N

四层平面 1:800

N

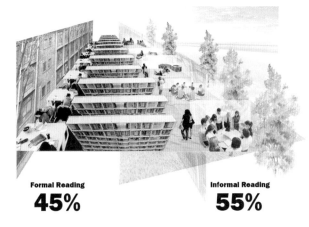

Formal Reading
45%

Informal Reading
55%

Old Library　　New Library　　Plus

B-B剖面 1:1000

CHINA

2014 建筑新人赛 BEST 18

张 鑫

天津大学
建筑系三年级
指导教师：张昕楠、王 迪

四方——藏传佛教文化展示中心

指导教师点评

场地的环境条件和文脉是一个建筑设计开始的依据。在这个藏传佛教展示中心设计中，张鑫同学的作品以场地树木和观览动线的植入为设计概念的原点，通过空间的营造和其与环境对话完成的图景创造达成了不同的观想体验。

作者以几张水彩画开始，表达了对佛教的理解和对环境的尊重。在设计的过程中，作者逐渐明晰了以金刚结为动线图解原形，缠绕于场地树木之间并创造空间的冲突。基于动线的设定，之于树木的观想则成为了空间创造过程中的关键——于动线的何处创造何种光和空间形态环境，创造何种观树图景，这些是作者在 8 周的设计中进行思考、操作和解决的问题。（张昕楠）

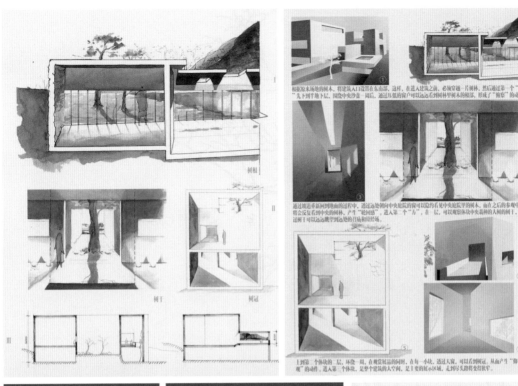

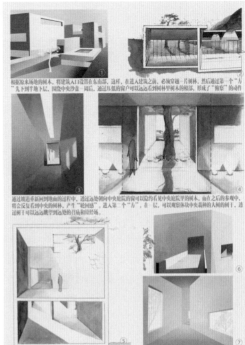

根据原来场地的树木，将建筑入口设置在东南部，这样，在进入建筑之前，必须穿越一片树林，然后通过第一个"方"先下到平地卜层，围绕中央沙盘一周后，通过压低的窗户可以远远看到树林里树木的根部，形成了"俯察"的动作。

通过城道重新回到地面的过程中，透过远处侧向中央庭院的窗可以隐约看见中央庭院里的树木，曲在之后的参观中，将会反复看到中央的树林，产生"轮回感"。进入第一个"方"后，首先，可以观察体块中央栽种的大树的树干，透过树干可以远远眺望到远处的召场和园绿场。

主到第二个体块的一层，环绕一周，在观赏展品的同时，有每一小块，透过天窗，可以看到树冠，从而产生"御观"的动作。进入第三个体块，是整个建筑的人空间，是主变的展示区域，走到尽头路将变得狭窄。

树根

I

树干　树冠

II

III

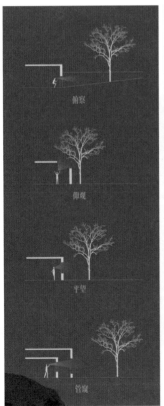

俯察

御观

平望

管窥

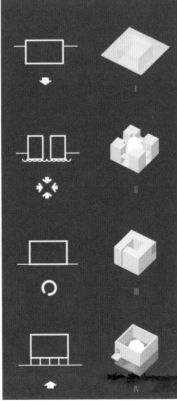

I

II

III

IV

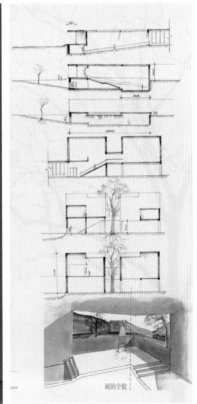

树的全貌

CHINA
2014 建筑新人赛 BEST 18

钟奕芬

东南大学
建筑系三年级
指导教师：唐芃

琵琶湖儿童植物博物馆

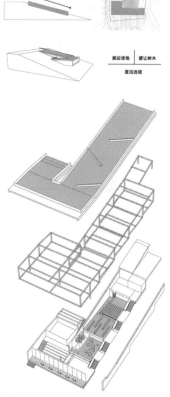

指导教师点评

　　本课题旨在训练学生与坡地环境相结合的展陈类建筑设计方法。课题中提出的场地条件为：临水，接近 30 度的坡地，城墙；服务对象为：少年儿童。设计者在解读复杂的基地条件的同时，需要为自己的展示中心策划一个合适的主题。在这个作品中，设计者策划了植物展示中心，结合坡地设计成不同标高但连续不断的分类展示空间。当参观者经过这三个展示空间后会发现已经来到湖边，空间向湖面打开，这里也就自然成了观景、休息、等候的场所。方案形体充分利用坡地塑造，一气呵成，简洁而不失老练。（唐芃）

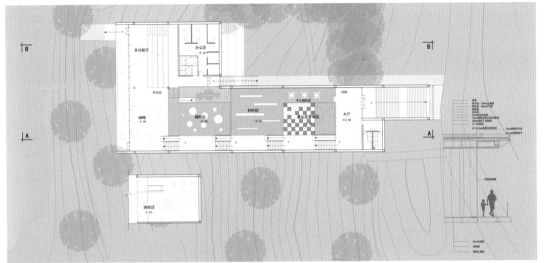

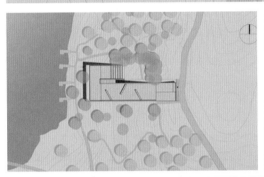

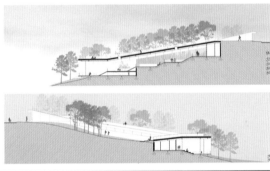

安　然
天津大学建筑系三年级
指导教师：张昕楠

交织与共生
——藏传佛教展示体验中心

蔡伊凡
华南理工大学建筑系三年级
指导教师：向　科

树上的风车——岭南博物馆设计

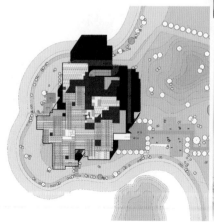

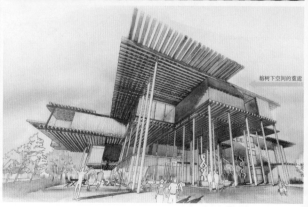

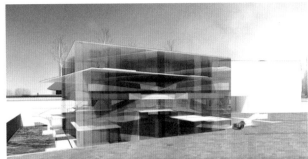

曹新宇
武汉大学建筑系三年级
指导教师：袁 雁

RESURRECTION OF NATURE
——城市图书馆的自然复兴

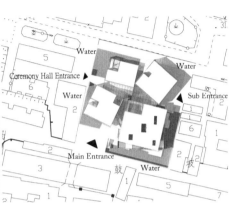

查逸伦
同济大学城市规划系三年级
指导教师：章 明、许 凯、周 健

立方体之森
——幼儿园建筑设计

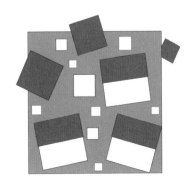

CHINA
2014 建筑新人赛 BEST 100

陈迪佳
同济大学建筑系三年级
指导教师：王方戟

小菜场上的家
——社区菜场住宅综合体设计

CHINA
2014 建筑新人赛 BEST 100

陈　墨
天津大学建筑系二年级
指导教师：苑思楠

山地中的诗意住居

陈诗园
天津大学建筑系三年级
指导教师：苑思楠

KINGDERDARDEN DESIGN
——A FREE PLACE TO
WANDER AROUND

中庭；连接上下空间视线，并在一层形成通道之间转换的重要节点。

四通八达的通道不走近看只能看到褶皱的玻璃背后来来往往的虚影，可以引起孩子们的好奇心。

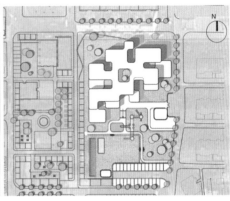

097

陈蕴怡
天津大学建筑系二年级
指导教师：贡小雷

山林漫步

戴乔奇
同济大学建筑系三年级
指导教师：祝晓峰

构架与覆盖
——凌云社区图书馆建筑设计

董虹韵
东南大学建筑系三年级
指导教师：夏　兵

文化艺术中心

CHINA

2014 建筑新人赛 BEST 100

杜尚芳

哈尔滨工业大学建筑系三年级

指导教师：邢 凯

PARADIES
——KINDERGARTEN DESIGN

CHINA

2014 建筑新人赛 BEST 100

付 豪

哈尔滨工业大学大学建筑系三年级

指导教师：李玲玲

建筑的两面性
——博览园区规划
及考古中心设计

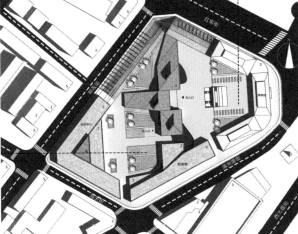

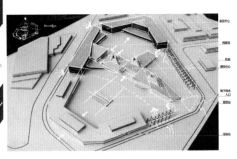

高晓艺
西安建筑科技大学建筑系三年级
指导教师：高　博

城镇记忆
——地方艺术馆设计

100

CHINA
2014 建筑新人赛 BEST 100

葛　钰
山东建筑大学建筑系三年级
指导教师：贾颖颖

乔家墩子旅游村改造——桥上桥下

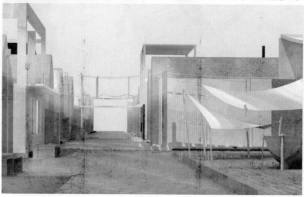

谷申申
中国矿业大学建筑系三年级

折影寻光记
——汉文化群众体验馆设计

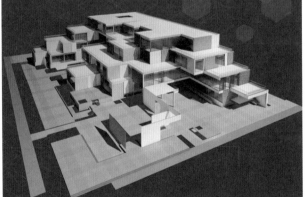

郭奕爽
华南理工大学建筑系三年级
指导教师：罗林海

建筑系馆设计馆

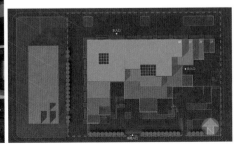

何　润

哈尔滨工业大学建筑系三年级

指导教师：卜　冲

LIFERT无障碍假日别墅

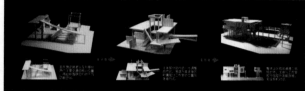

黄　纳

沈阳建筑大学建筑系三年级

指导教师：张龙巍

历史·交融
——北塔社区老年康乐活动中心

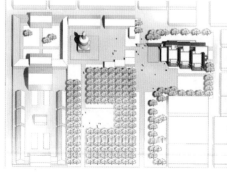

景观空间

运动空间

黄绮琪
华南理工大学建筑系三年级
指导教师：钟冠球

公共树荫下的KID'S TOWN
——南方九班幼儿园设计

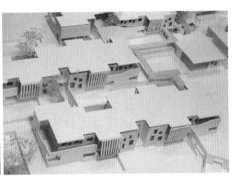

黄雯倩
南京大学建筑系三年级
指导教师：周 凌

大学生活动中心

黄艺杰
同济大学建筑系三年级
指导教师：张　斌

小菜场上的家
——住宅综合体设计

104

黄志强
中国矿业大学建筑系三年级
指导教师：王　磊

共话
——锅炉房改造

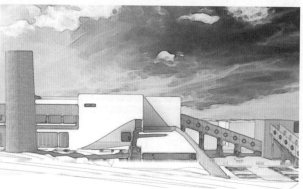

姜 萌
香港大学建筑系二年级
指导教师 :Christian Lange

INFRASTRUCTURAL
ARCHITECTURE

黎乐源
南京大学建筑系三年级
指导教师：周 凌

积木纵横
——大学生活动中心

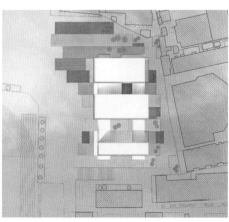

李嘉泳
华南理工大学建筑系二年级
指导教师：张智敏

横纵宅·学者住宅设计

李雯婷
重庆大学建筑系二年级
指导教师：左 力

全日制幼儿园设计·STAGE

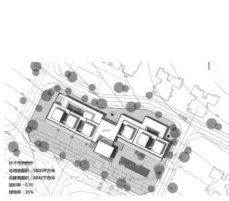

总用地面积：5800平方米
总建筑面积：2042平方米
容积率：0.35
绿地率：35%

李 媛
重庆大学建筑系三年级
指导教师：陈 俊

国际青年旅社建筑设计

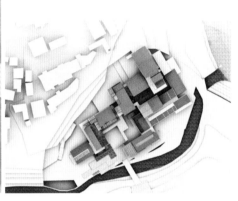

CHINA
2014 建筑新人赛 BEST 100

李志轩
西安建筑科技大学建筑系三年级
指导教师：周 崐

纸影盛宴
——地方艺术馆设计

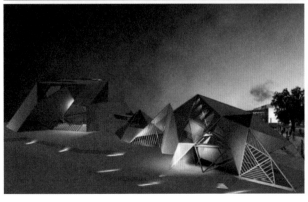

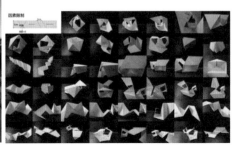

梁　喆
合肥工业大学建筑系三年级
指导教师：刘　源

织木
——FLAGSHIP STORE DESIGN

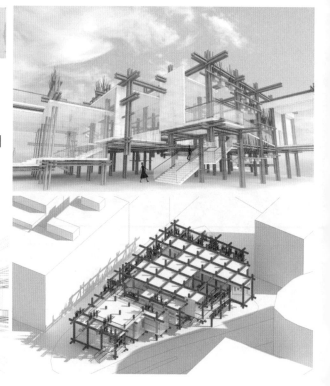

刘成威
西南交通大学建筑系三年级
指导教师：王　俊

POLY-STEP POLY-STUDYING
建筑系馆设计

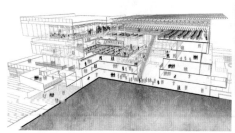

刘浩博
华中科技大学建筑系二年级
指导教师：沈伊瓦

玉龙洞
——游客中心设计

109

CHINA

2014 建筑新人赛 BEST 100

刘隽达
哈尔滨工业大学大学建筑系三年级
指导教师：吴健梅

北方六班幼儿园设计

刘茹萧
合肥工业大学大学建筑系二年级
指导教师：凌　峰

生长的脉络
——合肥工业大学校史馆设计

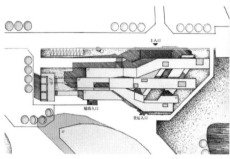

刘杨韬
厦门大学建筑系三年级
指导教师：王　伟

黎明与海
——厦港艺文中心设计

刘译泽
重庆大学建筑系三年级

指导教师：陈 科

设计文化体验中心设计

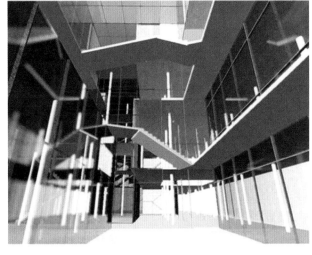

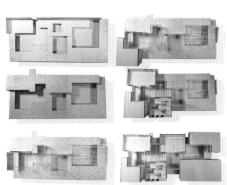

刘梓昂
河北工业大学建筑系二年级

指导教师：霍俊青

水韵剧场
——绍兴市老社区微中心设计

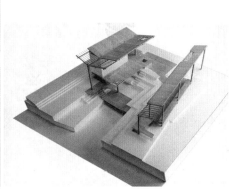

柳　博

重庆大学建筑系三年级

指导教师：陈　科

廊行其间
——设计文化体验中心

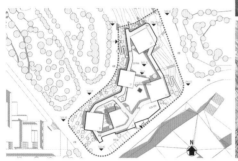

罗文博

东南大学建筑系三年级

指导教师：唐　芃

琵琶湖儿童植物博物馆

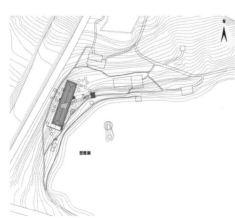

113

CHINA
2014 建筑新人赛 BEST 100

潜 洋
北方工业大学建筑系三年级

指导教师：王新征

首钢剧场

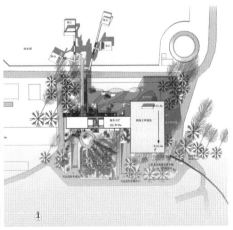

邵子芝
华南理工大学建筑系二年级
指导教师：钟冠球

饬园
——新中式幼儿园设计

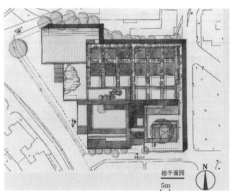

114

沈　馨
天津大学建筑系三年级
指导教师：王　迪、张昕楠

你好，旧时光
——天津大学图书馆加建

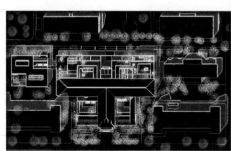

施雨晴

哈尔滨工业大学额建筑系二年级

指导教师：韩衍军

北方全日制六班幼儿园设计

CHINA
2014 建筑新人赛 BEST 100

史雨佳

西安建筑科技大学建筑系二年级

指导教师：付胜刚

纯音
——西建大草堂校区
十八班小学设计

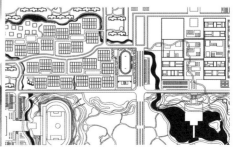

隋明明

东南大学建筑系三年级

指导教师：陈秋光

社区活动中心设计

孙嘉伦

青岛理工大学建筑系二年级

指导教师：谢旭东

莲 LOTUS
——童年舞台
　　湖光山色幼儿园设计

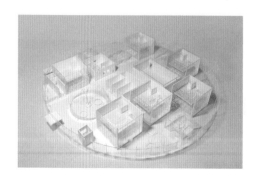

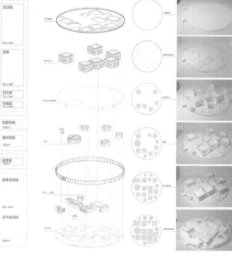

孙宁晗

山东建筑大学建筑系三年级

指导教师：周 琮

普拉托国际学校图书教学楼设计

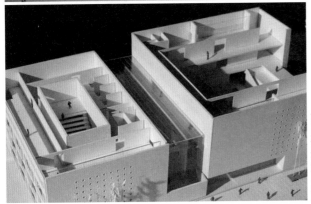

总平面图

117

谭健岚

华南理工大学大学建筑系二年级

指导教师：张志敏

融

——南方九班幼儿园设计

唐行嘉
西安建筑科技大学建筑系二年级
指导教师：李立敏

川之上
——山地旅馆设计

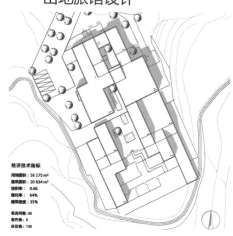

经济技术指标
用地面积：16 175 m²
建筑面积：10 634 m²
容积率：0.66
绿化率：64%
建筑密度：35%

客房间数：46
套件数：5
床位数：130

118

唐　蓉
东南大学建筑系三年级
指导教师：夏　兵

文化艺术中心设计

陶曼丽
合肥工业大学大学建筑系三年级
指导教师：王　旭

THE 6TH STORY
IN GRANG CENTRAL
——中国品牌海外旗舰店设计

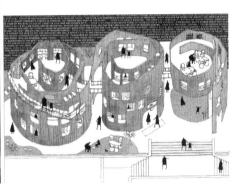

119

田　骅
西安建筑科技大学建筑系三年级
指导教师：周　崐

飞跃
——山地度假旅馆建筑设计

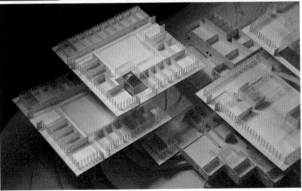

田晓晓
重庆大学建筑系三年级
指导教师：李　骏

时光·缝隙
——青年旅社设计

120

王博伦
大连理工大学建筑系三年级
指导教师：陈玉霖

漫步·垂直系馆

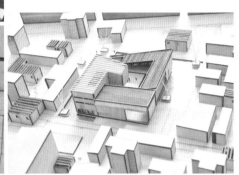

王春彧
武汉大学建筑系三年级
指导教师：袁 雁

模块·重构
——老街区阅读空间的
可持续激活

王冬傲
合肥工业大学建筑系三年级
指导教师：潘 榕

城市路由器
——中国梦海外旗舰店设计

王继飞
山东建筑大学建筑系三年级
指导教师：郑恒祥

城市水平面
——中小城市社区活动中心

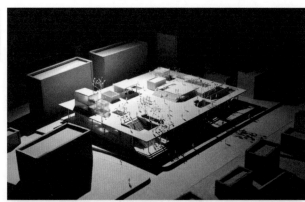

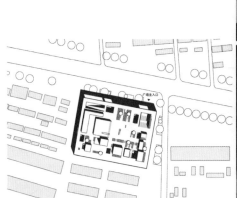

122

王 晶
华南理工大学大学城市规划系三年级
指导教师：傅 娟

方寸志趣
——学者住宅设计

CHINA
2014 建筑新人赛 BEST 100

王君美
东南大学建筑系三年级
指导教师：王建国

快城·悠境
——文化艺术中心设计

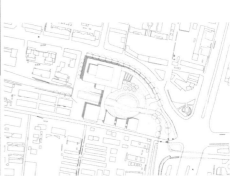

CHINA
2014 建筑新人赛 BEST 100

王舜奕
华南理工大学大学建筑系二年级
指导教师：许吉航

围与透
——南方九班幼儿园设计

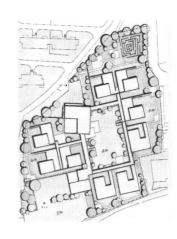

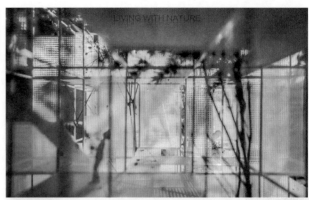

CHINA
2014 建筑新人赛 BEST 100

王杏妮
清华大学建筑系三年级

指导教师：董　功

"光的空间" 建筑设计

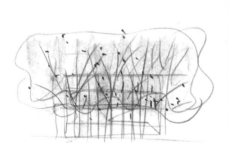

CHINA
2014 建筑新人赛 BEST 100

王艺达
哈尔滨工业大学大学建筑系三年级

指导教师：梁　静

层廊叠院
——建筑创作园区

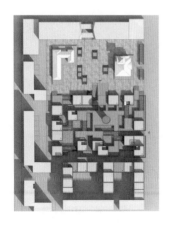

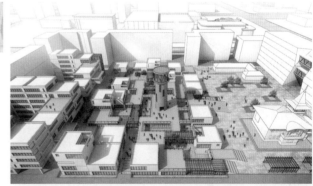

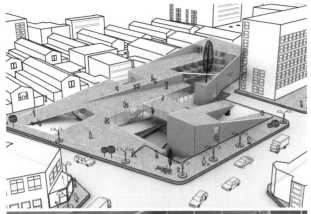

王莹莹

天津大学建筑系三年级

指导教师：张　睿

城市·奶酪
—— 历史街区中的织布梭子

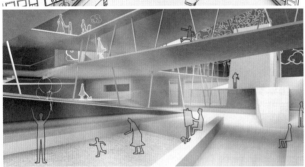

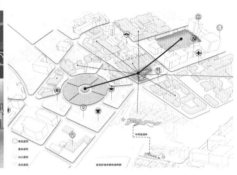

韦拉

西安建筑科技大学建筑系三年级

指导教师：高　博

瓦·艺
—— 地方艺术中心设计

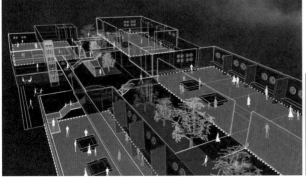

CHINA
2014 建筑新人赛 BEST 100

向　刚
武汉大学建筑系三年级
指导教师：王炎松

吟筑·山行
　── 珞珈文化研究中心

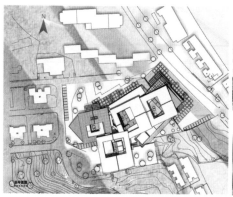

CHINA
2014 建筑新人赛 BEST 100

肖楚琦
天津大学建筑系三年级
指导教师：许　蓁

光与建筑
　──基于计算的建筑设计

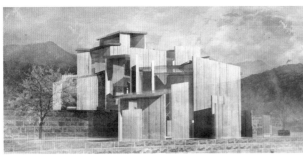

徐嘉韵
湖南大学建筑系二年级
指导教师：李　煦

FOREST IN THE CITY
——艺术家住宅单体设计

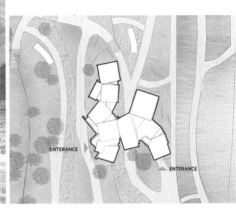

许　航
河南科技大学建筑系三年级
指导教师：袁友胜

皆街节界
——山地旅游旅馆设计

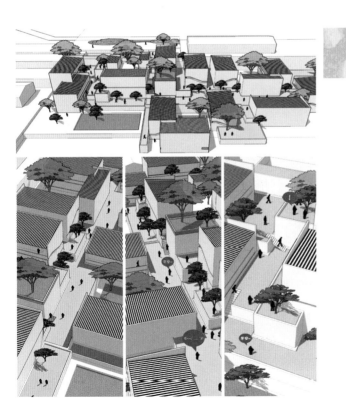

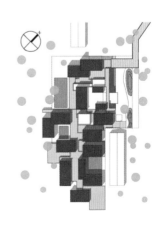

杨 菡
重庆大学建筑系三年级
指导教师：田 琦

山城·演绎
——城市记忆文化展馆设计

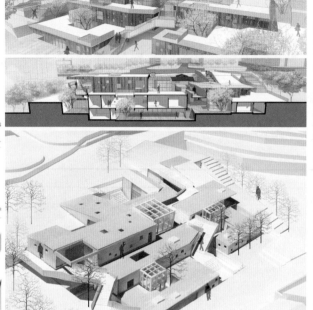

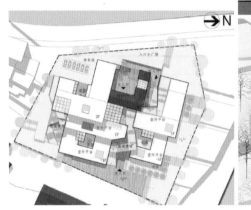

杨 慧
天津大学建筑系二年级
指导教师：王 迪、张昕楠

版画长巷深
——版画俱乐部设计

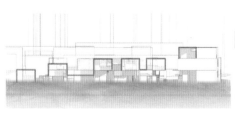

杨剑飞
华中科技大学大学建筑系二年级
指导教师：张　婷

林下·书间
——昙华林社区图书馆

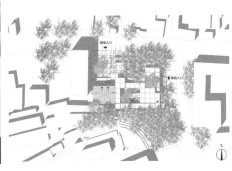

杨俊宸
天津大学建筑系一年级
指导教师：贡小雷

再生·垂直空间
——文化展示中心

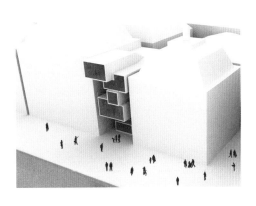

张博轩
清华大学建筑系三年级
指导教师：尹思谨

虎坊桥多功能综合体设计

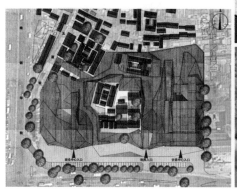

张灏宸
同济大学建筑系三年级
指导教师：庄　慎

构架与覆盖
——凌云社区图书馆建筑设计

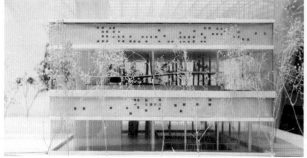

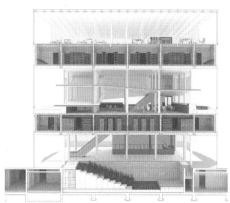

张宏宇

东南大学建筑系三年级

指导教师：陈 宇

儿童琥珀展示中心

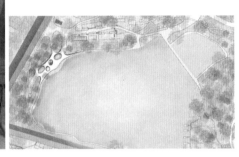

CHINA
2014 建筑新人赛 BEST 100

张晓星

厦门大学建筑系二年级

指导教师：王 伟

扬帆
——厦港海洋博物馆设计

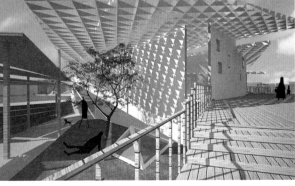

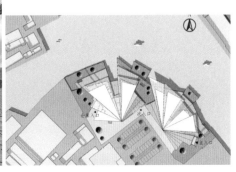

张　知
天津大学建筑系二年级
指导教师：郑　颖

层·聚
——社区图书馆

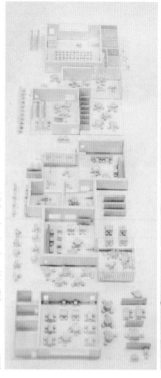

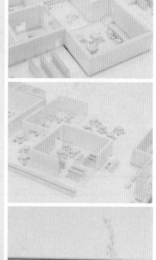

132

CHINA
2014 建筑新人赛 BEST 100

赵　硕
东南大学建筑系三年级
指导教师：唐　芃

文化艺术中心

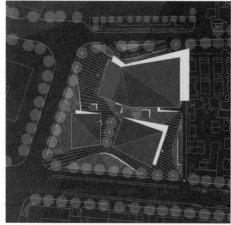

周金豆

重庆大学建筑系三年级

指导教师：刘彦君

浮沉之间
——基于城市旧与新背景下的空间拓扑和民间艺术文化展示中心设计

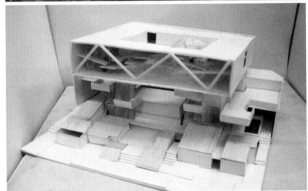

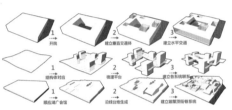

周柯地

湖南大学建筑系三年级

指导教师：张 蔚

长沙市古城墙遗址博物馆

设计筒拱展区室内效果图：将个拱视发为一个楼层，之间以拱门连接，赋这纯的博览空间序列

周师平
西安建筑科技大学建筑系二年级
指导教师：赵　宇

游客服务中心设计

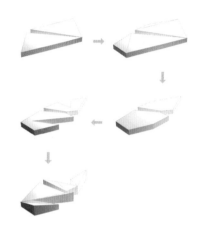

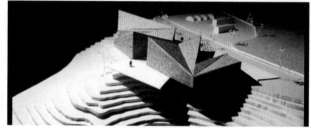

134

CHINA
2014 建筑新人赛 BEST 100

周韦博
武汉大学建筑系三年级
指导教师：王炎松

THE VAGUE BOUNDRY
——社区图书馆设计

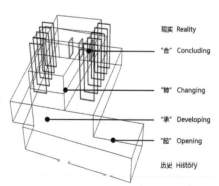

现实 Reality

"合" Concluding

"转" Changing

"承" Developing

"起" Opening

历史 History

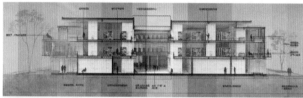

局部大样模型照片

COMPETITIONS

竞赛花絮

竞赛花絮篇

评委老师

CHINA
2014
中国建筑新人赛

竞赛花絮篇

参赛选手

CHINA
2014
中国建筑新人赛

竞赛花絮篇

参赛选手

141

CHINA
2014
中国建筑新人赛

竞赛花絮篇

志愿者

CHINA
2014
中国建筑新人赛

纪念品篇

扇　子

CHINA
2014
中国建筑新人赛

纪念品篇

 帆布袋

148

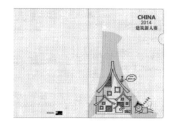
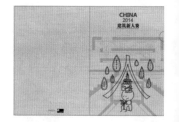

CHINA
2014
中国建筑新人赛

纪念品篇

《2013 中国建筑新人赛》

参赛名录

参赛者名录

A

安 然　天津大学

B

白 鸽　辽宁科技大学
白海琦　东南大学
白 金　哈尔滨工业大学
白思瑶　哈尔滨工业大学
白雪杉　哈尔滨工业大学
白 杨　西安建筑科技大学
白胤君　天津城建大学
白云昊　哈尔滨工业大学
班兴华　天津大学
包可人　厦门大学
卜 菊　华南理工大学
卜 煜　哈尔滨工业大学

C

蔡昆洋　青岛理工大学
蔡 瑞　西安建筑科技大学
蔡胜愉　苏州科技学院
蔡万成　郑州大学
蔡伊凡　华南理工大学
蔡毓琳　厦门大学
曹 畅　西安交通大学
曹含嫣　合肥工业大学
曹新宇　武汉大学
曹雅涵　重庆大学
曹 喆　东南大学
岑枫红　重庆大学
曾冰玉　安徽建筑大学

曾丹瑜　华南理工大学
查逸伦　同济大学
查玉琴　淮海工学院
车 进　华中科技大学
陈艾文　重庆大学
陈碧琳　华南理工大学
陈博艺　广州大学华软
　　　　软件学院
陈 诚　东南大学
陈迪佳　同济大学
陈 蝶　浙江工业大学
陈 凯　山东大学
陈坤婷　华南理工大学
陈麓西　湖南大学
陈 墨　天津大学
陈少婕　济南大学
陈诗园　天津大学
陈 霆　淮海工学院
陈 阳　河北工业大学
陈茵怡　华南理工大学
陈咏仪　东南大学
陈渝婷　东南大学
陈雨童　西南交通大学
陈雨微　东南大学
陈蕴怡　天津大学
陈子奇　西安交通大学
程瑞阳　哈尔滨工业大学
程筱斌　合肥工业大学
程正雨　清华大学
迟增磊　西安建筑科技大学
褚望舒　重庆大学

崔傲寒　南京大学
崔家瑞　天津大学
崔雅婧　山东建筑大学

D

戴乔奇　同济大学
党天洁　天津大学
邓 晗　青岛理工大学
邓鸿浩　天津大学
邓雪君　烟台大学
丁一珂　西安建筑科技大学
丁 颖　华南理工大学
董 赫　山东建筑大学
董虹韵　东南大学
杜柏良　哈尔滨工业大学
杜丰泽　重庆大学
杜 瑾　西安建筑科技大学
杜开颜　济南大学
杜若森　天津大学
杜尚芳　哈尔滨工业大学
段凯月　辽宁科技大学
段 轲　济南大学
段良斌　济南大学

F

樊逸冰　哈尔滨工业大学
范 桢　辽宁科技大学
方浩宇　东南大学
封 叶　西安建筑科技大学
冯 辰　山东建筑大学
冯胜村　天津大学

冯晓康	华中科技大学	郭仁仨	重庆大学	胡 淼	同济大学
冯彦程	天津大学	郭实权	郑州大学	胡晓玥	西安建筑科技大学
付 豪	哈尔滨工业大学	郭文嘉	哈尔滨工业大学	胡雪妍	济南大学
		郭一鹏	西安建筑科技大学	胡一非	哈尔滨工业大学
G		郭奕爽	华南理工大学	华文静	哈尔滨工业大学
盖 郑	清华大学	郭 媛	大连理工大学	黄静雯	青岛理工大学
高佳玉	青岛理工大学	郭 喆	合肥工业大学	黄恺怡	厦门大学
高晶雯	苏州科技学院	郭志滨	厦门大学	黄丽丹	华南理工大学
高 恺	华南理工大学			黄 纳	沈阳建筑大学
高丽娜	湖南大学	**H**		黄绮琪	华南理工大学
高晓艺	西安建筑科技大学	韩 菲	西安交通大学	黄森泰	华南理工大学
高 颖	天津城建大学	韩谨如	华南理工大学	黄雯倩	南京大学
葛冰莹	合肥工业大学	韩昆衡	山东建筑大学	黄习习	山东建筑大学
葛康宁	天津大学	韩 笑	合肥工业大学	黄欣宜	厦门大学
葛伊漠	烟台大学	韩学伦	贵州大学	黄艺杰	同济大学
葛 钰	山东建筑大学	韩宇雷	华南理工大学	黄译雷	湖南大学
耿 玥	天津大学	韩宇青	西安建筑科技大学	黄羽杉	天津大学
公 鑫	辽宁科技大学	郝 韵	西安建筑科技大学	黄志强	中国矿业大学
宫奥西	烟台大学	何 格	重庆大学	惠子祯	西安建筑科技大学
宫力权	烟台大学	何劲雁	浙江工业大学	霍丹青	天津大学
谷成林	青岛理工大学	何 璐	厦门大学		
谷申申	中国矿业大学	何美婷	同济大学	**J**	
顾嘉诚	合肥工业大学	何梦雅	湖南大学	贾刘耀	重庆大学
顾君懿	哈尔滨工业大学	何 朋	东南大学	江贺韬	华南理工大学
顾聿笙	南京大学	何 润	哈尔滨工业大学	江榕超	华南理工大学
官诗菡	重庆大学	何世林	重庆大学	姜贝哲	南京工业大学
管 睿	东南大学	何 涛	天津大学	姜黎明	重庆大学
桂 鹏	天津大学	何曦彤	华南理工大学	姜 萌	香港大学
郭 畅	山东建筑大学	贺密思	辽宁科技大学	蒋佳瑶	南京大学
郭峰硕	天津大学	侯 晓	山东建筑大学	蒋思予	重庆大学
郭厉子	内蒙古工业大学	侯雅馨	西安建筑科技大学	蒋一汉	西安建筑科技大学
郭迈娎	浙江大学	胡浩森	华南理工大学	金洪勋	厦门大学
郭梦雪	郑州大学	胡佳林	同济大学	金 千	东南大学
郭鹏熹	天津大学	胡 坤	西安建筑科技大学	金旭涛	大连理工大学城市学院

金煜曦　清华大学

靳子琦　天津大学

敬绮雯　河北工业大学

鞠　婧　山东建筑大学

L

赖惠杰　华南理工大学

郎佳霖　辽宁科技大学

雷欢玲子　天津大学

雷　鑫　南京工业大学

雷永權　华南理工大学

黎乐源　南京大学

李博舒　辽宁科技大学

李　聪　西安建筑科技大学

李笃伟　山东建筑大学

李丰凯　青岛理工大学

李海妹　华南理工大学

李　昊　武汉大学

李佳楠　哈尔滨工业大学

李嘉泳　华南理工大学

李剑锋　大连理工大学
　　　　城市学院

李江宁　哈尔滨工业大学

李金涛　辽宁科技大学

李　俊　华南理工大学

李　坤　山东建筑大学

李林熹　华南理工大学

李佩如　山东建筑大学

李平原　东南大学

李　倩　烟台大学

李　强　西安建筑科技大学

李　俏　青岛理工大学

李社宸　重庆大学

李诗卉　清华大学

李世熠　重庆大学

李姝睿　东南大学

李　桃　天津大学

李　童　山东建筑大学

李婉婷　华南理工大学

李玮华　南京工业大学

李雯婷　重庆大学

李　享　西安建筑科技大学

李晓宇　辽宁科技大学

李彦儒　哈尔滨工业大学

李　焱　哈尔滨工业大学

李　艺　厦门大学

李　媛　重庆大学

李云飞　东南大学

李喆超　西南交通大学

李芝蓓　重庆大学

李志斌　哈尔滨工业大学

李志轩　西安建筑科技大学

李宗民　哈尔滨工业大学

连　璐　清华大学

梁芊荟　同济大学

梁庆华　青岛理工大学

梁艺馨　哈尔滨工业大学

梁宇坤　天津城建大学

梁　喆　合肥工业大学

廖岚昊　重庆大学

廖　祥　华南理工大学

林碧虹　天津大学

林光福　广东工业大学
　　　　华立学院

林国靖　湖南大学

林佳思　苏州科技学院

林经纬　厦门大学

林　炯　辽宁科技大学

林凯雯　合肥工业大学

林　澜　重庆大学

林汝佳　青岛理工大学

林新霞　苏州科技学院

林哲涵　同济大学

刘成威　西南交通大学

刘程明　天津大学

刘德禹　山东建筑大学

刘国伟　青岛理工大学

刘浩博　华中科技大学

刘泓亮　湖南大学

刘健枭　厦门大学

刘隽达　哈尔滨工业大学

刘佩鑫　东南大学

刘佩怡　天津大学

刘茹萧　合肥工业大学

刘珊汕　天津大学

刘商羽　天津大学

刘　彤　青岛理工大学

刘彦欣　华南理工大学

刘雁鹏　烟台大学

刘杨韬　厦门大学

刘　洋　重庆大学

刘一晗　华中科技大学

刘译泽　重庆大学

刘雨乔　华南理工大学

刘梓昂　河北工业大学

柳　博　重庆大学

娄　晔　西安交通大学

卢　品　华南理工大学

鲁会凯　山东建筑大学

陆柏屹　哈尔滨工业大学

陆家豪　华南理工大学

陆婧瑶　西安建筑科技大学

陆璐	华南理工大学	**P**		邵子芝	华南理工大学
罗丹妮	华南理工大学	潘怡林	潍坊学院	申宸宇	沈阳建筑大学
罗典	西安建筑科技大学	裴昱	清华大学	沈婧怡	西安建筑科技大学
罗嘉伟	大连理工大学	彭雪峰	苏州科技学院	沈祺	青岛理工大学
罗卿凯	东南大学	彭雨佳	东南大学	沈馨	天津大学
罗文博	东南大学	彭志威	烟台大学	沈伊宁	苏州科技学院
罗西	东南大学			沈紫微	天津大学
罗益飞	南京工业大学	**Q**		盛子沣	哈尔滨工业大学
骆逸	山东建筑大学	祁海兵	济南大学	施晟宇	东南大学
吕立丰	天津大学	钱禹	郑州大学	施信峰	合肥工业大学
吕欣田	西安建筑科技大学	乔炯辰	东南大学	施雨晴	哈尔滨工业大学
吕祎昕	厦门大学	樵真	西安建筑科技大学	石晶君	烟台大学
		秦宇洁	西安建筑科技大学	时辰	哈尔滨工业大学
M		邱嘉玥	重庆大学	史雨佳	西安建筑科技大学
马成也	湖南大学	曲星文	天津大学	舒玥	天津城建大学
马楠	武汉大学	全孝莉	湖南大学	宋昊城	武汉大学
马腾骏	济南大学	全泽亚	山东建筑大学	宋晶	天津大学
马夕雯	北京工业大学	全真	重庆大学	宋书剑	山东建筑大学
马逸东	清华大学			苏佩芝	天津城建大学
明磊	哈尔滨工业大学	**R**		苏天宇	清华大学
缪姣姣	南京大学	饶鉴	同济大学	苏章娜	华南理工大学
莫伊洲	哈尔滨工业大学	饶梦迪	华南理工大学	隋佳音	华南理工大学
牟盈婷	天津大学	任强	厦门大学	孙恩格	武汉大学
		任诗轩	苏州科技学院	孙嘉昕	苏州科技学院
		任一方	西南交通大学	孙珺琨	哈尔滨工业大学
N		芮贤枝	华南理工大学	孙能斌	苏州科技学院
倪静	大连理工大学			孙宁晗	山东建筑大学
倪若宁	南京大学			孙青	青岛理工大学
倪小弋	华南理工大学	**S**		孙仕轩	清华大学
聂大为	大连理工大学	商琪然	东南大学	孙思远	南京工业大学
聂迪	山东建筑大学	商沩祺	华南理工大学	孙英然	河北工业大学
聂梓介	东南大学	商源	南京工业大学		
		尚京京	哈尔滨工业大学		
O		尚书	大连理工大学	**T**	
欧阳玉卓	重庆大学	邵帅	潍坊学院	谭健岚	华南理工大学

汤 嘉	苏州科技学院	王君美	东南大学	危云辰	昆山科技大學
汤 恺	安徽建筑大学	王开蕊	青岛理工大学	韦寒雪	同济大学
汤 璇	青岛理工大学	王 康	东南大学	韦 拉	西安建筑科技大学
唐行嘉	西安建筑科技大学	王立杨	天津大学	魏嘉彬	同济大学
唐 凯	山东建筑大学	王梦真	山东建筑大学	魏鸣宇	西安建筑科技大学
唐奇靓	天津大学	王旻烨	同济大学	魏瑞环	中国矿业大学
唐 蓉	东南大学	王 楠	烟台大学	魏 鑫	西安建筑科技大学
唐文琪	重庆大学	王 茜	山东建筑大学	魏鑫月	重庆大学
唐 韵	同济大学	王帅中	西安交通大学	魏云骑	中国矿业大学
唐子一	湖南大学	王舜奕	华南理工大学	吴 冰	中国美术学院
陶柯宇	南京工业大学	王嗣翔	重庆大学	吴 凡	合肥工业大学
陶曼丽	合肥工业大学	王文涛	沈阳建筑大学	吴昊阳	华南理工大学
田 骅	西安建筑科技大学	王潇聆	南京大学	吴婧彬	天津大学
田文艺	烟台大学	王新伟	辽宁科技大学	吴俊旭	华南理工大学
田晓晓	重庆大学	王新业	重庆大学	吴世谈	厦门大学
田 雪	山东建筑大学	王新宇	南京大学	吴维芳	合肥工业大学
田 野	天津城建大学	王杏妮	清华大学	吴翼飞	湖北工业大学
		王旭飞	南京工业大学	伍雨禾	同济大学
W		王雪莹	贵州大学	武晓宇	同济大学
汪 桐	同济大学	王雅涵	合肥工业大学		
汪雨池	哈尔滨工业大学	王 艳	济南大学	**X**	
王安琪	沈阳建筑大学	王一苇	苏州科技学院	席 弘	南京大学
王春彧	武汉大学	王依桐	湖南大学	夏侨侨	西安建筑科技大学
王冬傲	合肥工业大学	王艺达	哈尔滨工业大学	向 刚	武汉大学
王冠群	哈尔滨工业大学	王 轶	同济大学	肖楚琦	天津大学
王国福	辽宁科技大学	王轶凡	西安建筑科技大学	肖 晔	东南大学
王浩然	同济大学	王莹莹	天津大学	肖泽恒	华南理工大学
王浩宇	哈尔滨工业大学	王 宇	辽宁科技大学	谢菡亭	东南大学
王继飞	山东建筑大学	王元钊	湖南大学	谢靖怡	天津大学
王建桥	同济大学	王 悦	合肥工业大学	谢林燊	华南理工大学
王 疆	哈尔滨工业大学	王云霄	郑州大学	谢美鱼	天津大学
王劲柳	青岛理工大学	王子睿	东南大学	谢敏奇	华南理工大学
王 晶	华南理工大学	王子田	淮海工学院	谢相怡	东南大学
王婧仪	西安建筑科技大学	干梓章	湖南大学	谢晓敏	中国美术学院

张 营	辽宁科技大学	仲 亮	西南交通大学
张 宇	天津大学	周 姮	重庆大学
张雨川	同济大学	周金豆	重庆大学
张雨竹	东南大学	周 军	浙江工业大学
张粤翔	上海交通大学	周柯地	湖南大学
张泽华	青岛理工大学	周科廷	哈尔滨工业大学
张 知	天津大学	周梦雪	华南理工大学
张忠天	山东建筑大学	周 沫	圣路易斯华盛顿大学
张忠望	辽宁科技大学	周诺雅	吉林建筑大学
张卓然	江南大学	周师平	西安建筑科技大学
章家梁	浙江工业大学 之江学院	周 姝	同济大学
章 骁	东南大学	周韦博	武汉大学
赵 丰	东南大学	周贤春	南京大学
赵慧娟	清华大学	周祎馨	清华大学
赵南森	西安建筑科技大学	周艺蓝	西安交通大学
赵鹏宇	华南理工大学	周宇凡	天津大学
赵 硕	东南大学	周园艺	华南理工大学
赵斯琪	哈尔滨工业大学	周子彦	苏州科技学院
赵晚璐	天津大学	朱 骋	重庆大学
赵玮南	哈尔滨工业大学	朱丹妮	重庆大学
赵炎鹏	西安建筑科技大学	朱敦煌	武汉大学
赵育轩	山东建筑大学	朱嘉熠	重庆大学
赵云鹤	青岛理工大学	朱丽颖	合肥工业大学
郑楚烽	华南理工大学	朱 瑞	重庆大学
郑 洁	山东建筑大学	朱旭栋	同济大学
郑永俊	浙江工业大学	祝 建	华南理工大学
郑运潮	哈尔滨工业大学	卓诗佳	华南理工大学
郑振婷	东南大学	左 奎	湖南大学
郑 陟	西安建筑科技大学 华清学院	左 思	南京大学
钟石领	哈尔滨工业大学		
钟奕芬	东南大学		
钟冶立	苏州大学		

组委会名录

王建国　龚　恺　唐　芃　屠苏南　朱　渊　韩晓峰　张　敏

志愿者名录

外联组：
罗　西（组长）　　何　鹏　钱　鑫　张　晗　张　立　赵楠楠
会场组：
范居正（组长）　　黄曼佳（组长）　　丛晓雨　候艺珍　李　灏　廖伶真
刘滨钰　刘苗苗　戚　瑞　随明明　吴佳怡　徐英浩　周倩颖
网络组：
刘佩鑫（组长）　　周心怡　程苏晶　金　千　李姝睿　卢思霏　沈　忱
唐　蓉　王举尚　王　玥　徐慕容
宣传组：
李　策（组长）　　茚　羽　陈加麟　傅瑞盈　李文玥　刘宁琳　罗文博
杨一鸣　钟奕芬　周　霈　朱彦雯

致　谢

感谢匡合国际对本次中国建筑新人赛的鼎力支持和赞助！

内容提要

　　东南大学建筑学院主办的"中国建筑新人赛"正逐渐成为一个品牌竞赛。竞赛以全国建筑学1～3年级的本科生为参赛主体，提交自己的课程设计为参赛作品。每年吸引全国各地高校的学生来参加比赛，已成为全国高校建筑学本科教育的重要交流场所，也是全国建筑学本科教学成果的展示舞台。评选的开放性、学生的参与性、交流的自发性是这个赛事最大的特点。也因为这个特点，使得"中国建筑新人赛"在全国各高校的建筑学本科学生中具有很强的影响力。

　　本书以2014年在南京举办的中国建筑新人赛为主线，记录了这个赛事从组织、选拔，到展览、评审的全过程，展现了学生设计作业竞赛的操作流程和全新思路；而对赛事的回顾、分析以及评委们对2014赛事的点评、寄语，亦指明了当前建筑教学的问题和发展趋向；从海选到最后选拔出的优秀作业的课题介绍、设计图纸、模型照片、设计说明，也让我们领略了全国各校的设计课程，提供了观摩、学习的良机。

　　本书可供建筑学专业师生和对建筑设计及教学感兴趣者阅读参考。

图书在版编目（CIP）数据

　　2014 中国建筑新人赛 ／ 唐芃主编；龚恺等编著 . —
南京：东南大学出版社，2015.8
　　ISBN 978-7-5641-5946-7

　　Ⅰ . ① 2… Ⅱ . ①唐… ②龚… Ⅲ . ①建筑设计 – 竞赛
– 介绍 – 中国 –2014 Ⅳ . ① TU2

　　中国版本图书馆 CIP 数据核字（2015）第 170017 号

2014 中国建筑新人赛

出版发行 : 东南大学出版社
出 版 人 : 江建中
责任编辑 : 姜　来　朱震霞
社　　　址 : 南京市四牌楼 2 号　邮编： 210096
网　　　址 : http://www.seupress.com
电子邮箱 : press@seupress.com
经　　　销 : 全国各地新华书店
印　　　刷 : 利丰雅高印刷（深圳）有限公司
开　　　本 : 700mm×1000mm　1/16
印　　　张 : 10.25
字　　　数 : 189 千字
版　　　次 : 2015 年 8 月第 1 版
印　　　次 : 2015 年 8 月第 1 次印刷
书　　　号 : ISBN 978-7-5641-5946-7
定　　　价 : 58.00 元

Chinese Contest of the Rookies' Award